U0940547

世纪波
Century Wave

你的职业性格色彩是什么?

从自我认知到自我实现

(第2版)

[美] 索亚·泽奇(Shoya Zichy)
安·毕度(Ann Bidou) 著
张 帅 译

CAREER MATCH

CONNECTING WHO YOU ARE WITH WHAT YOU'LL LOVE TO DO

2ND EDITION

電子工業出版社
Publishing House of Electronics Industry
北京·BEIJING

Career Match: Connecting Who You Are with What You'll Love to Do, 2nd edition
ISBN: 978-0814438152

Published by AMACOM, a division of American Management Association, International, New York.

版权贸易合同登记号　图字：01-2017-8744

图书在版编目（CIP）数据

你的职业性格色彩是什么？：从自我认知到自我实现：第 2 版 /（美）索亚·泽奇（Shoya Zichy），（美）安·毕度（Ann Bidou）著；张帅译. —北京：电子工业出版社，2018.5
书名原文：Career Match: Connecting Who You Are with What You'll Love to Do, 2nd edition
ISBN 978-7-121-33663-8

Ⅰ. ①你… Ⅱ. ①索… ②安… ③张… Ⅲ. ①性格－关系－职业选择 Ⅳ. ①B848.6②C913.2

中国版本图书馆 CIP 数据核字(2018)第 026281 号

策划编辑：李慧君
责任编辑：李慧君
印　　刷：北京盛通印刷股份有限公司
装　　订：北京盛通印刷股份有限公司
出版发行：电子工业出版社
　　　　　北京市海淀区万寿路 173 信箱　　邮编 100036
开　　本：720×1000　1/16　印张：18.5　字数：309 千字
版　　次：2018 年 5 月第 1 版（原著第 2 版）
印　　次：2019 年 9 月第 2 次印刷
定　　价：68.00 元

凡所购买电子工业出版社图书有缺损问题，请向购买书店调换。若书店售缺，请与本社发行部联系，联系及邮购电话：（010）88254888，88258888。
质量投诉请发邮件至 zlts@phei.com.cn，盗版侵权举报请发邮件至 dbqq@phei.com.cn。
本书咨询联系方式：（010）88254199，sjb@phei.com.cn。

前　言

本书缘起

在 5 月一个潮湿闷热的夜晚，由于被滞留，我只得在一个亚洲机场坐着等待。我刚刚结束了一次漫长而忙碌的商务旅行——每年我都要进行很多次这样的旅行，为我们的银行寻找新客户。在候机厅的一大堆垃圾中，我看到了一本书。它的书页有很多折角，显然被人翻阅过很多次。它引起了我的注意，我把它捡了起来。正是这一动作，永远地改变了我对世界的看法。

书的第一句话是："如果一个人无法跟上其他人的步伐，或许是因为他听到了另一种鼓点"，这是常被人们引用的亨利・大卫・梭罗（Henry David Thoreau）的一句名言。这是一本阐述瑞士心理学家卡尔・荣格（Carl Jung）理论的书，行文晦涩、思维跳跃。它简要分析了人们在接收信息和制定决策的过程中表现出来的看似明显的行为差异。凭直觉，我能理解其中的部分含义。但是，这句话让我想到，应该以某种新的方式与客户和同事打交道。

回到我在香港的办公室以后，我开始按照荣格理论的行为描述对我的每一位客户进行性格色彩分类。我为每一位客户的档案都加入了简要说明，以便我不在时指导协助工作的员工继续跟进。"如果来的是一位金色性格的客户，要确保所有

报告都是最新的，并按日期顺序整理好。如果一位蓝色性格客户预约会谈，可以给纽约投资业务的同事打电话，征求三个新思路。”随着这样的简要说明不断发展，我们对四种性格色彩中的每一类的客户群体，都形成了一套应对策略。

事实证明，这种方法有着非常神奇的效果。几乎是在一夜之间，我们的新业务增长了 60%。不仅如此，我开始更愿意与客户交往，精神压力越来越小，与工作圈以外的人的关系也得到改善。

在大约 10 年的时间里，我一直坚持使用这种方法。银行管理层将我调回美国，客户类型变得愈加多样化——有来自阿布达比酋长国（Abu Dhabi）身穿白色长袍的阿拉伯酋长，也有来自雅典的船运业大亨，还有来自西班牙的贵族庄园主。在他们的档案中，我同样加入了基于性格色彩分类的说明建议。更重要的是，这些建议都发挥了作用，不管对象是男性还是女性，是年长的还是年轻的，还是不同种族的人群，无一例外。

在这 10 年中，我从未遇到过另一个谈论荣格理论的人。至少，没有一个人说过如何将荣格的理论应用到营销工作当中。1995 年，为了躲避繁重的工作和机构重组，我前往缅因州探望一些朋友。我需要静下心来，重新规划自己的职业生涯。

克莱德港的小旅馆在 10 月褪去炎热的阳光下闪着光，门口坐着的一位先生正在读一本书。我们聊了起来。他提到书的作者伊莎贝尔·迈尔斯（Isabel Myers），以及她根据卡尔·荣格的理论创造的一种新型应用体系——“迈尔斯—布里格斯”性格分类指标（Myers-Briggs Type Indicator®）。这正是我一直渴望进行的一次谈话。

随后几年，我发现了一个隐秘的世界。在这个世界里有许多书籍、研讨会和协会，全球各地成百上千的人参与其中。我的内心形成了一种崭新而又强烈的内心指向。忽然之间，变化就自然而然地开始了，渴望的事情开始变成现实，我遇见对的人，做了对的事。我想，荣格大概会称其为“同步性（Synchronicity）”吧。

直到一两年之后，我才有机会进行自己的研究。最终我全心致力于把性格类型应用到商业领域中。本书对大量信息进行了总结。这些信息由超过 60 000 名参加过全球各种色商研讨会的人士，以及为这一领域打下知识基础的性格分类专家提供，而这些知识基础正是本书的基本原理。

我凭借自己生命中这些阶段的经验，发展出一套系统，帮助我们所有人认清自己独特的优势，追求最好的事业，减少我们生活中关键领域的冲突。

为了简化叙述，我采用了自己以前提出的性格色彩代码系统，称为“色商”（Color Q）（“当你遇到一个金色性格的人时，确保……”）。多年来，我一直使用这套系统，并取得了不错的效果。我想，它同样也会对你有很大帮助。想要了解更多信息，你可以访问我的网站 www.ColorQPersonalities.com。

写作本书的目的

很多人都有一种幻觉，认为自己只要稍加努力，就能做成任何事情、成为任何人……这是一种错误认识，会阻碍我们真正的个人发展。个人的发展并不需要进行重大改变，或者效仿行为榜样，因为我们每个人天生都是不完美的。不过，我们必须理解并接受自己真实的性格特征，接受这种性格的优势和弱点。这也意味着，我们要适时地减少我们的性格盲点带来的不利影响。

了解人性的方法体系有很多。但色商体系是我认为能够探索到人类行为最核心、最本质部分的一种方法。它认为，每一种性格类型都是自然的、平等的、可以观察和预测的，并且每一种性格都能在工作中表现得很出色。

优秀卓越的人付出的努力总是大大超过要求的水平。能够始终保持这种状态，又不会感到心力交瘁的唯一解释就是，自信产生了极大的热情。你在合适的地方做着合适的事情，并且你就是这项工作合适的人选，还非常喜欢你的工作！听起来是不是很难实现？一点也不难。只要人们忠于自我，不管他人的冷嘲热讽，不只为了父母的期望而活，处理好社会施加的各种压力。写作本书的目的就是帮助你找到走向卓越人生的道路。

色商理论无法解决的问题

色商理论并不能回答所有职业问题，它也不是通往成熟与智慧的轻松捷径。在大多数情况下，它无法衡量教育、智力、精神健康、特殊天赋、经济地位、动机、动力以及外部环境对核心性格类型的影响。我们这个星球有几十亿人口，每个人都是独特的，但仅有四种性格色彩类型。如果你想问这意味着什么，我会说性格分类只关注你内心最深处、最重要的部分——这部分永远知道什么是你真正想要的。如果这部分需求没有得到尊重和满足，你就不会感到快乐。

这一框架体系与性别没有关系，它对于男性和女性来说同等适用。每一种性格类型都有男性和女性，尽管在某些类型中，男女所占的比例可能有所差异。

最后，色商理论并非一种完整的、深度的迈尔斯—布里格斯评估体系。它只是一种简短的评估过程，可能仅需 10 分钟，目的是让你了解适用于你职业生涯和个人生活的各种观念。

 什么是色商理论

色商理论的应用是了解我们自己以及他人的人性。其实，我们一直都在做这件事。

“他很精明，富有创业精神”“她充满活力，而且很有艺术气质”，这些帮助我们在心智上把对他人的第一印象分类存放在大脑中相应的神经突触里，以备将来使用。

色商理论也是一种工具，帮助我们理解有时老板和同事（甚至是朋友、约会对象和伴侣）的一些令人费解的行为。由于许多职业晋升都取决于你的人际交往能力，你会发现，阅读本书最有价值的收获就是使你不断提升“阅人”能力。

祝你阅读愉快。

目　录

第 1 部分　开宗明义：认识自我与了解他人

第 2 部分　绿色性格：人性至上

第 3 部分　红色性格：行动至上

第 1 部分

开宗明义：认识自我与了解他人

01

不要通读全书

本书并非你常见到的那类职业指导书。色商理论不会改变一个人，但它会改变一个人对自身的看法。我不会要求你更加条理化，夸耀自己，效仿老板，或照搬某些知名的首席执行官（CEO）的方式方法。你甚至不用改变穿着打扮。相反，本书的每一个字都鼓励你按自己内心最深层、最自然的天赋秉性行事，激发你的热情，让你由一个优秀的员工变成一个伟大的成功者。你只需要明确自己的优势，并在日常生活中让它们发挥作用即可。

听起来是不是很容易？事实却并非如此。大多数人心中都充满着愧疚感，承载着父母与社会的期望，这些都使我们无法自由地做自己。你是否曾在金钱、名誉、教育机会或家庭期望的压力之下，被迫做出了更加“务实”的选择？如果这些选择没能使你感到快乐，你该怎么办？

你必须回头审视你的核心品质，让它在工作中物尽其用。第 02 章的色商（Color Q，与智商 IQ、情商 EQ 相对）自我评估体系将会帮助你确定你的核心品质，请务必实事求是地作答。对很多人来说，如果真实事求是地完成评估，过后将选择改换职业。请注意，你倾向于怎么做，并不是指“我常常在文件堆里工作，但我倾向于让我的桌面清清爽爽”。你实际是如何操作的，就是你的倾向。

你不必通读全书，除非你想要了解所有 16 种色商性格类型。不过，如果你遇到以下几种情形，对他人的性格色彩有所了解，将会对你大有助益：

- 工作面试或升职面试。
- 团队项目。
- 薪酬谈判或合同谈判。
- 营销。
- 与老板或同事起冲突。
- 约会。
- 经营家庭关系。

几十年来，色商理论体系已经在全世界数百万人身上得到了验证。它改变了人们的生活，调整了人们的事业，其中就包括了本书的两位作者。如果它也改变了你的生活（我们相信这是必然的），我们希望听到你的喜讯。你的故事和书中所述的真人真事同样重要。请发送电子邮件到 Zichy@earthlink.net 告诉我，也可以访问我的网站 www. ColorQPersonalities.com。

02

色商性格的自我评估

评估说明：第一部分

在色商性格的描述系统中，首先确定你的性格主色，它代表你的核心性格。另外，你还有一种性格辅色——一种次要却强大的影响因素。最后，判断你的倾向性，是内向还是外向。色商理论会这样描述一个人：他是绿红内向性格。接下来，请你花大约 10 分钟时间，完成这个二选一的自我评估，它会揭示你性格中以上三方面的情况。

根据你的第一感觉，在每一行的两个选项中选择其一，这样做通常能使评估更准确。请根据你的实际情况来选择，不要选择你希望自己能够做到，但实际并非如此的选项。不要过度分析你的选择，所有的选项都没有对错之分。把选项看作你的左手和右手，虽然两只手都可以用，但你总会更偏重一只手。因为用这只手时，你更轻松，操作的结果也更好。如果两个选项真的让你感到特别为难，说明你可能对自己实事求是的选择感到内疚，或者你是迫于压力才采取某种行动的。

首先，请完成表 2-1，按照你（不是你的老板、伴侣、父母或其他任何人）的意愿进行选择。从 A 栏和 B 栏中选择其一。选出的项目（无论是 A 栏还是 B 栏）必须符合你在大多数（至少 51%）情况下的实际做法。完成此表时，你应当勾选了 9 个选项。

表 2-1 评估表 I

务必回答每一个问题。统计 A 栏或 B 栏的选中情况，然后按说明完成表 II 和表 III。

至少在 51%的情况下，我倾向于：

A 栏		B 栏
❍ 更注重准确度	或	❍ 更注重深度
❍ 对具体问题感兴趣	或	❍ 对抽象概念感兴趣
❍ 喜欢他人直白的表达方式	或	❍ 喜欢他人不同寻常的表达方式
❍ 能够记住很多细节	或	❍ 细节记忆模糊不清
❍ 脚踏实地	或	❍ 思虑复杂
❍ 注重当下	或	❍ 着眼未来
❍ 因我的学识判断而受到重视	或	❍ 因我能预见未来的趋势而受到重视
❍ 务实，注重实际	或	❍ 精于理论和想象
❍ 相信事实	或	❍ 相信直觉

如果你选择 A 栏的项目较多，请**直接跳到表 2-3**。

如果你选择 B 栏的项目较多，请**继续完成表 2-2**。

表 2-2 评估表 II

至少在 51%的情况下，我倾向于：

A 栏		B 栏
❍ 直白坦率	或	❍ 圆融老练
❍ 遇事先怀疑	或	❍ 遇事先接受
❍ 被理性折服	或	❍ 被价值吸引
❍ 善于分析事物	或	❍ 善于体恤别人
❍ 勇于直面冲突	或	❍ 尽量避免冲突
❍ 坚持原则	或	❍ 宽容谅解

续表

A 栏		B 栏
❍ 客观对待批评	或	❍ 感情用事
❍ 不偏不倚	或	❍ 心怀怜悯
❍ 争强好胜	或	❍ 支持他人

如果你选择 A 栏的项目较多，你属于**蓝色性格**。

如果你选择 B 栏的项目较多，你属于**绿色性格**。

表 2-3 评估表 III

至少在 51%的情况下，我倾向于：

A 栏		B 栏
❍ 时限未到，提前完工	或	❍ 赶在最后时限才完工
❍ 计划详尽后行动	或	❍ 遇到问题，随机应变
❍ 准时赴约，甚至提前	或	❍ 不慌不忙，甚至迟到
❍ 喜欢规划安排	或	❍ 喜欢随性而为
❍ 喜欢指令明确	或	❍ 喜欢灵活自由
❍ 感觉安稳	或	❍ 不安于现状，求新求变
❍ 工作区域井井有条	或	❍ 工作区域堆满文件和杂物
❍ 做事审慎	或	❍ 做事随意
❍ 喜欢制订计划	或	❍ 喜欢等待观望

如果你选择 A 栏的项目较多，你属于**金色性格**。

如果你选择 B 栏的项目较多，你属于**红色性格**。

评估说明：第二部分

现在，请阅读下面与你的性格主色相关的简短概述。是否与你相符？如果是，请继续阅读第三部分并确定你的性格辅色。如果不是，请跳到第五部分——“如果概述与你不相符，你该怎么办？”

金色性格（占人口的46%）

金色人群脚踏实地、客观务实、有责任感。无论是在企业还是事业部门，他们都是各种机构里的中流砥柱。他们是社会的保护者和管理者，他们注重程序步骤，尊重行政指挥体系，以精密调整过的方法、规则来处理每一件事情。从抚养孩子到管理机构，金色人群追求细节，坚持贯彻，并能激励他人来实现具体目标。他们喜欢制作项目列表，提前计划，以及应对过去曾经遇到的事情。

蓝色性格（占人口的10%）

蓝色人群重视理论，喜欢竞争，永远致力于追求知识和提高能力。在处理复杂理论问题和设计新制度方面，蓝色人群鲜有对手。他们是天生的怀疑论者，第一反应往往是批评，并有自己的标准去衡量每个人和每件事。他们在思想和语言方面追求高度的精确性，只相信逻辑理性，不轻信过去的规则和程序。蓝色人群具有长远眼光，在要求具备战略性思维的职位上表现得最为出色。但目标实现后，他们就着眼于下一个目标，很少有兴趣去维护成果。

红色性格（占人口的27%）

红色人群以行动为导向，随性而为，着眼“当下”。相比别人的判断，他们更相信自己的直觉，并且要求享有遵循内心想法的自由。冷静的头脑和不竭的勇气让他们比大多数人更擅长完成任务和处理危机。如果身在充满自由、行动、变化和意外的职业环境中，他们会带来惊喜，也懂得事从权宜。工作必须有趣，环境必须是团结协作的，红色人群抗拒时间规划和等级制度。对他们来说，长期计划意义不大，因为每天自然有其工作事项。

绿色性格（占人口的 17%）

绿色人群创造性强，善于移情，富有人道主义精神。他们喜欢尊重想法、平等共处的环境，这使他们有机会影响他人的生活。他们天生善于把握别人的行为动机，特别善于影响其他人，挖掘他人的最大潜能。他们在口头和书面表达方面也相当出众，能够准确、完美地表达想法和观点。绿色人群在为他们热衷的机构热情宣传时，凭借独具魅力的品质，很容易说服他人加入其中。

评估说明：第三部分

现在，你已经确定了自己的性格主色。请回到前几页的评估表处，完成你之前跳过的表格（评估表 II 或表 III）。由此找到你的性格辅色。你会具有性格辅色 40%～50%的特征。性格辅色是对主色的补充和完善。

如果你的性格主色是金色或红色，那么辅色就是蓝色或绿色。

如果你的性格主色是蓝色或绿色，那么辅色就是金色或红色。

我的性格主色是__________。我的性格辅色是__________。

评估说明：第四部分

在以下两栏陈述中，每行选择一项。完成本部分，你需要勾选 7 个选项。

至少在 51%的情况下，我倾向于：

A 栏		B 栏
❍ 喜欢说话	或	❍ 喜欢倾听
❍ 独处太久会感到厌烦	或	❍ 需要独处以自我恢复
❍ 喜欢团队工作	或	❍ 喜欢独自或只与另一个人一起工作
❍ 先说后想	或	❍ 先想后说
❍ 喜欢交流，充满活力	或	❍ 喜欢沉思，体贴周到
❍ 博而不精	或	❍ 精而不博
❍ 发起谈话，主动社交	或	❍ 静候等待，被动社交

如果你选择 A 栏的项目较多，你属于外向性格（从集体活动获得能量）。

如果你选择 B 栏的项目较多，你属于内向性格（从内心精神获得能量）。

请将你的全部性格特征写在这里：

性格主色：______________

性格辅色：______________

外向或内向：____________

关于外向性格和内向性格的进一步阐释

人们往往对外向与内向性格存在误解，因此有必要做进一步解释。首先，性格是外向还是内向是一种生理特性，与是否喜欢他人、是否善于社交并无关系。

外向性格（也就是荣格和迈尔斯—布里格斯学派所谓的“思维外倾型”）的人从与人相处和团体活动中获得能量。如果他们必须长期独处或从事与人隔绝的工作，他们很快就会感到疲惫、厌倦和沮丧。内向性格的人则通过自身内在精神获得能量，因此，他们必须花时间独处，为自己的内心充电。即使他们也喜欢与人交往（大部分内向的人的确如此），但过多的交往活动会耗尽他们的能量。

在人群中，外向性格与内向性格的人数几乎是相等的，只是许多人很好地隐藏了自己的天性倾向。一个性格内向的人出于工作需要必须进行社交活动，在一些泛泛之交眼里，他看起来就是一个外向性格的人。我们都有内、外向两面性格，但不会同时展现出来。另外，正如你的评估结果所示，你的倾向性可能微弱也可能明显。在你理解并重视你的倾向性之前，内向与外向二者之间的关系通常会令人紧张。

下一步

如果你觉得对你所属的性格色彩概述看起来有些道理，请先阅读阐释你性格主色的章节：第 4 章为绿色性格，第 9 章为红色性格，第 14 章为蓝色性格，第 19 章为金色性格。然后，阅读专为你的性格类型所写的独立章节，即紧跟在上述四种性格主色后的四章中的一章。

如果你希望进一步了解，可以继续阅读你性格辅色的章节。如果你是持怀疑态度的蓝色性格，请阅读第 3 章“性格分类简史”。由此，你会明白性格色彩理论绝不是一种尚未验证的理论，阅读本书也绝不是在浪费时间。绿色性格的人可能希望单刀直入，直接阅读专门阐释他们性格类型的那一章。而后，直接阅读第 24 章“调整自我，适应他人，别做傻事”，由此了解其他颜色性格的人。金色性格的人会更愿意按上述意见展开阅读，每天阅读一章，可以更有效地吸收和分析本书的内容。红色性格的人可能会觉得自我评估部分不是很有意思，但是阐述性格类型的那一章定会非常有趣。现在就翻到那一页开始阅读吧，你将会发现诸多乐趣。

如果概述与你不相符，你该怎么办：第五部分

简单地说，你的性格色彩就是排除了来自家庭、朋友或工作的压力影响，你所表现出的真实自我。但是，如果以上描述的大部分特征都与你的实际情况不相符，那么，你很有可能属于另外一类人。

请你再次阅读自我评估部分，看看哪个表中，你从 A 栏和 B 栏勾选的项目数相近。问问自己，你的选择是否是他人希望你做出的选择？抑或，觉得你应该（而不是想要）这样做？如果是，评估结果就会出现偏差。请你改选另外一栏的选项，然后根据说明确定一种新的性格色彩。如果你觉得这个新的颜色与你的情况更相符，再按照评估说明的第三部分继续评估。

另外，你也可以让家人或一个非常了解你的人根据他们对你的了解进行一次评估，看看是否与你的结果一致。你可能会大吃一惊！一位律师就有这样的经历。一位与她相交三十年的老朋友对她的大部分选择都不赞同。这位律师不愿承认自己的桌上总是乱七八糟，而且总是在完成时限之前的最后一刻才猛赶进度。所以请牢记，评估并不是要评判你的好坏，或建议你需要改变。而且，你所认为的弱点实际上可能是一种优势——例如，更注重短期而非长期目标。

人都有多面性。虽然每个人都有一个占主导地位的性格类型，但可能属于该类型几个分类中的某一项。例如，这个人可能具有强烈的金色性格主色特征，同时又有蓝色性格辅色特征。那个人可能具有轻微的金色性格主色特征，因此他金色特征的外在表现并不显著。另外，随着年龄的增长，你原先并无倾向的性格特

征可能会进一步发展，你会比年轻时表现出更少的金色性格特征。

如果你正在经历人生的重大变故，或者一段时间以来对自己的生活不甚满意，那么，评估结果反映的可能是你的生存技巧，而非你真正的性格倾向。你可能已经“忘记”了自己真正的性格倾向。你感到不快乐，这是拒绝承认这些倾向的一个明显信号。现在，请你设想自己生活在一个理想的世界里，然后再进行自我评估。如果评估的结果依然与事实不符，请等一切平息下来再重新评估。

03

性格分类简史

将人的性格划分为不同类型的研究被称为“类型学”（typology）。世界主要的古文明都对类型学颇为推崇，并进行了相关研究和实践。两千多年以来，科学家与学者普遍认为，虽然存在着个体差异，但是人类行为具有某些可以预测的模式。公元前 400 年左右，以亚里士多德、希波克拉底、伽林为代表的希腊人认为，人类的行为分为四种类型或四种“性情”——乐观（sanguine）、忧郁（melancholic）、冷静（phlegmatic）、暴躁（choleric）。

20 世纪 20 年代，瑞士著名心理学家西格蒙德·弗洛伊德（Sigmund Freud）的得意门生卡尔·荣格（Carl Jung）与老师以及传统理论体系产生分歧，并发展出自己的一套分类法。荣格认为，人类心理活动的方式有四种，即思维（thinking）、情感（feeling）、感觉（sensation）、直觉（intuition）。在 1921 年出版的《心理类型学》（*Psychological Types*）一书中，荣格对这四种方式进行了简要说明，并称为四种“功能”。

荣格用大半生时间研究了人类性格中的相似与不同之处。他认为，人类与生俱来的或早期形成的某些心理倾向构成了我们“本性难移”的核心性格，决定着我们对他人和世界的好恶。他进一步说明，这四种功能都被人们以不同的方式应用于内心和外界两个世界。也就是说，他把性格分为八类（内外两种倾向与四种功能两两组合），而每个人都会偏向或表现为八类中的一类。

荣格的理论非常抽象和深奥。幸运的是，20 世纪 40 年代，两位美国女性为我们提供了一把帮助我们理解荣格理论的金钥匙。她们是伊莎贝尔·迈尔斯（Isabel Myers）和她的母亲凯瑟琳·布里格斯（Katharine Briggs）。她们花了 40 年的时间单独或共同观察自己身边的每一个人，以验证荣格的理论。她们对自己的观察结果进行了量化处理，并通过大量试验进行了验证。她们提出的性格分类体系——迈尔斯—布里格斯类型指标（the Myers-Briggs Type Indicator®, MBTI）评估体系，得到了最广泛的验证。至今，全世界已有数百万人接受过这一体系的测评。

20 世纪 50 年代，另外一位类型学爱好者大卫·凯尔西（David Keirsey）将古希腊的性情理论与荣格和迈尔斯—布里格斯类型体系相融合。在《请理解我》一书中，凯尔西提出了四种气质类型，这也是本书色商模型的理论基础。之后，跟随他多年的学生琳达·贝伦斯进一步发展他的理论，也为我们提供了大量新颖有益的见解认识。

今天，迈尔斯家族的新一代，迈尔斯—布里格斯类型指标基金会的共同所有人彼得·迈尔斯和凯瑟琳·迈尔斯继承并发展了 MBTI 的研究。

最近，凯瑟琳·迈尔斯在一次采访中说道："荣格派模型是一种卓越的非胁迫性的工具，它可以帮助人们发展出自己的职业目标。大量研究表明，每种职业都会吸引某种性格类型的人，其人数占比会多于其他的类型。但是，每个行业也都有各种性格类型的人，因此，没有人可以告诉你不要从事某个行业。如果一个人很强烈地渴望进入某个行业，他必须非常清楚这份工作本身包含哪些任务要求，然后评估自己的能力在这个岗位上能做出什么贡献。"在其他类型性格的人主导的领域里开创一番天地的情况并不少见。

迈尔斯是绿色性格，其性格正如第 4 章所分析的那样。与同属绿色性格的很多人一样，她非常善于鼓励他人取得进步。另外，现代的脑成像技术显示，大脑不同部位的化学物质与活动影响着人们的行为，从而证实了 MBTI 的诸多理论。最重要的是，该技术证明了荣格学说是完全正确的。虽然，每个人的性格都有其特殊性，但性格中的一部分或者核心性格，却是稳定而牢固的。MBTI 和色商体系正是基于这一核心特征定义性格分类，并以此解决生活中的诸多问题。

我提出色商理论是为了帮助人们更容易地了解“性格分类”的概念。在为企业客户，如美国财政部、美国银行(Bank of America)、北方信托公司(North Trust)、美林证券(Merrill Lynch)、宾夕法尼亚州政府领导力研修班(the Government of Pennsylvania Leadership Institute)、瑞士联合银行(UBS)、保诚保险(Prudential Insurance)等，举办团队建设和领导力研讨会时，我要求参与者填写一份投资问卷。通过调查，我掌握了他们的“钱商”(Money Q)特征，由此分析不同性格的人对钱财和补偿会有怎样的态度。本书第 26 章将分享该专利研究项目的一些成果。这些成果有助于我们了解人们在求职时如何处理财务方面的谈判和协商。

第2部分

绿色性格：人性至上

绿色性格的人在支持个人发展和大家庭式的工作环境里发展得最好。

04

绿色性格概述

全球人口的约 17%为绿色性格。如果你不是绿色性格，但希望了解如何识别绿色性格的人，以及如何与他们打交道，请参考表 4-1。

表 4-1　如何识别绿色性格的人

决断者尊重对方，真诚交流，能够主动表达需求，说服他人，不屑于诉诸卑劣低级的伎俩。

- 宏观思想者。
- 随和热情。
- 出色的说服力与影响力。
- 擅长牵线联络，调和冲突。
- 能使他人发挥最大潜力。
- 口齿伶俐，善于比喻。
- 用心倾听者。
- 对批评敏感。
- 避免与人冲突。
- 衣着新潮、华丽、随性。

如何与绿色性格的人相处：

- 会议的环境要和谐融洽。
- 发展个性化的关系——询问对方的家庭、爱好和宠物等情况。
- 认真倾听。
- 给予创新自由，鼓励创新想法。
- 做好准备，他的讨论可能无章无序，但最终会回到主题。
- 注重每个促进个人发展的机会。
- 重视创新性和着眼未来的解决方案。
- 多用具有鼓励和正面作用的词汇。
- 少用单调的支持性事实。
- 消除冲突与竞争，强调合作精神。
- 反馈信息时，注意方式方法。

 女国会议员卡洛琳·马隆尼

女国会议员卡洛琳·马隆尼（Carolyn Maloney）明白，获得领导力和成功，首先要了解掌握相关问题，建立自己的同盟，然后动用所有的资源。她代表纽约州第 12 区担任了 9 届众议院议员。2015 年，中立网站 Govtrack.us 根据她的议案和决议吸引的共同发起人人数，把她列为众议院领导力第一的民主党议员，并认为她是国会二号人物。她是第一位担任“两院”联合经济委员会主席的女性。在经济政策、金融服务、国家安全和妇女议题方面，她是举国公认的领导者。她是意义重大的信用卡改革法案的有力推动者。一项独立研究显示，该法案每年为消费者节省 120 亿美元。

“我知道如何让两个党派齐心协力，这的确是让许多重要法案顺利通过的关键。很多人认为这些法案根本不可能在特殊利益集团的反对中获得通过。”马隆尼说道。她展现了绿红性格的人充满活力、积极主动的特点，以及极强的说服能力。她和田纳西州的共和党议员玛西亚·布莱克本（Marcia Blackburn）联合推动通过了一个旨在建立国家妇女历史博物馆的议案，很好地证明了她跨越党派隔阂，寻求共识、建立联盟的能力。在一次会议中，她引用了超过 70 部法律，追平了国会议员引用数量的最高纪录。

她经过十年坚持不懈的努力，终于使国会通过了法案，为因“9·11”事件饱受痛苦的现场急救人员提供急需的医疗保健。她顽强的意志为她赢得了全世界的喝彩和赞赏。“如果你坚定地相信并完全地理解你目标的重要性，”卡洛琳说道，“实现这个目标就不是一件工作。没有什么能够阻挡一群团结的人以坚定的决心去做一件正义的事。”另外，她对自己协助起草了《反恐怖主义情报汇报法案》感到骄傲。该法案改变了美国情报系统的结构。

除了以一个全国领导人的身份解决许多问题外，卡洛琳对她的纽约选民也怀着深切的关心。她保障了急需建设的纽约地铁第二大道线的联邦资金。这个地铁项目是全美国最大的基础建设项目。最近，她阻止了一家位于23街的退伍军人医院的关闭。“有时候，你做了什么不重要，你阻止了什么才更重要。”2012年时，她曾这样说。在她的选区，她努力保证邮局运作，资助学校建设，这些显然都是绿色性格式的努力。目前，她正领导促成让来自中国的两只大熊猫安家纽约的一个动物园。她这么做，不单是要为数百万孩子们带来快乐，也希望人们能够因此注意到各种各样的环保问题，并加入发人深省的讨论中来。

另外，卡洛琳具有非常活跃的红色性格特点。她的反对者知道，她可不是好对付的。作为一个坚定的妇女权利支持者，她是《平等权利修正案》(*Equal Rights Amendment*)的主要发起人，也是《黛比·史密斯案》(*Debbie Smith Act*)的发起人。该法案为性侵案中采集 DNA 证据提供资金支持。面对右翼势力试图削减女性获得的权益，否认这些历史性的进步，卡洛琳坚决反对，予以回击。由加利福尼亚州的共和党人达瑞尔·埃萨(Darrel Issa)主持的一个宗教自由和生育控制听证小组，竟然没有一个女性成员。卡洛琳抨击这次听证会，她只问了一个简单的问题：“女性成员在哪里？”第二天，一张印有成员全部为男性的听证组和卡洛琳提出的问题的图片出现在全国的新闻报纸里。卡洛琳应对冲突的表现是典型的绿红外向性格。“我会分步处理事情。其中最重要的是要引导人们，也要听听各方的看法，看是否有一种方法可以让大家一起前进。我鼓励人们多去倾听，这真的很有效。”

新闻名人戴安·索耶

美国广播公司（ABC）新闻电视记者戴安·索耶（Diane Sawyer）是美国最著名的绿色性格代表。后来她离开主持岗位，把时间用于陪伴她的丈夫麦克·尼克尔斯（Mike Nichols）度过他生命最后的时光。戴安身上体现了许多绿色性格的人都具有的艺术才能和人际交往技能。

高中时，她曾在美国豆蔻小姐选美比赛中获胜。大学毕业后，她移居华盛顿，担任尼克松白宫新闻秘书罗恩·齐格勒（Ron Ziegler）的助手。

1978 年，她在哥伦比亚广播公司（CBS）找到一份工作。但是，丹·拉瑟（Dan Rather）和其他大人物明确反对一个与水门事件有瓜葛的人在这里工作。戴安凭借自己惊人的毅力，最终赢得了同事的支持。在伊朗人质危机期间，她在美国国务院待了整整一周，每天的睡眠时间不超过一个小时。不仅如此，她典型的绿色性格魅力和为了新闻放低位置的能力，也缓和了人们的敌意。

充分运用而不是刻意压制自己天生的绿色性格核心品质，为她带来了一连串的成功。1981 年，她晋升到《CBS 早间新闻》（*CBS Morning News*）节目组；1984 年，她成为著名的《60 分钟时事杂志》（*60 Minutes*）的第一位女记者。在所有色彩的性格中，绿色性格具有最出色的直觉能力。1989 年，她跳槽到美国广播公司（ABC），成为新闻杂志《黄金时间现场直播》（*Prime Time Live*）的共同主持之一，后来该节目改名为《戴安·索耶 20/20 采访》。本书成书期间，她开始在一些特别的场合出现。例如，主持广播直播版的《音乐之声》，采访了凯特琳·詹娜（Caitlyn Jenner），这是她 2015 年 4 月（根据 ABC 网站及其他新闻，应为 2015 年，而非原文的 2016 年，编者注）变性前接受的最后一次采访。

戴安·索耶具有非常典型的绿色性格特征：热情又叛逆、认真又幽默、权威又脆弱。正如她所属的性格类型一样，她既非常注重个人隐私，又真心渴望与人交流。

和索耶同属绿色性格的人，需要有机会发挥自己的创造力，并影响别人的生活。他们善于口头和书面交流，在作家、电视节目主持人、传记作家等人群中占有很高的比例。在企业里，他们在销售、市场营销、公共关系等方面表现出色。

无论工作环境如何，只要他们的独特之处得到认可，他们就能大放异彩。融洽和真诚的工作环境最能发挥绿色性格人群的能力。

在普利策奖得主，《安吉拉的灰烬》(*Angela's Ashes*)、《然也》(*'Tis*)、《教书匠》(*Teacher Man*) 的作者弗兰克·麦考特 (Frank McCourt) 的教学和写作过程中，表现出了明显的绿色性格特征。30 年来，他一直在纽约市从事高中英语教学工作。没有按既定的路走，他将自己在爱尔兰贫民窟的苦难经历转变成了一项很有价值的教学计划。以幽默又不失同情的口吻，他描述了床垫上的跳蚤；一整条街的人共用一个厕所的难闻气味；嗜酒如命的父亲滑稽古怪的行为以及他沮丧抑郁的母亲。通过这种方式，他和学生建立起深厚的情谊。

绿色性格的人常常成为人道主义事业的引领者。影星安吉丽娜·朱莉 (Angelina Jolie) 是联合国难民高级专员特使。她的足迹遍布全世界，为饱受战争摧残的儿童和难民发声。尽管名人明星参与推广人道主义事业并不少见，但如朱莉一般热情投入、坚定践行，实属难得。

她以“实地工作”著称，除了数百万美元的救济捐款，她还执行了 40 次实地任务来开展她的难民工作。2005 年，她获得了联合国全球人道主义行动奖。2013 年，获得由美国电影艺术与科学学院(Academy of Motion Picture Arts and Sciences) 颁发的第 86 届奥斯卡琼·赫肖尔特人道主义奖 (Jean Hersholt Humanitarian Award)，并获颁“圣米迦勒及圣乔治荣誉爵士大十字勋章”。朱莉经常和她从贫困国家领养的三个孩子一起登上头条。在 2016 年探访一个难民营时，她看到难民营里有很多孩子，说道：“就像任何一个父母一样，我无法想象我自己的孩子生活在这样的环境里。这让我很心痛。”朱莉对难民事业的付出和她奉献给难民的大量时间，都是绿色性格的人重视他人需要和感觉的例证。不管是在个人还是公共生活中，她感同身受、帮助他人的努力持久而真诚，一直吸引着人们的注意。

为世界带来改变，是绿色性格的人认为最重要的事情。

新闻和娱乐行业其他著名的绿色性格人士还包括歌手阿黛尔 (Adele)、奥普拉·温弗瑞 (Oprah Winfrey)、詹妮弗·安妮斯顿 (Jennifer Aniston)、桑德拉·布洛克 (Sandra Bullock)、凯蒂·库里克 (Katie Couric)、简·方达 (Jane Fonda) 和妮可·基德曼 (Nicole Kidman)。而巴拉克·奥巴马 (Barack Obama)、圣雄甘

地（Mahatma Gandhi）、米哈伊尔·戈尔巴乔夫（Mikhail Gorbachev）、埃莉诺·罗斯福（Eleanor Roosevelt）则是绿色领导风格在政界的例子。《赫芬顿邮报》的共同创始人阿里安娜·赫芬顿（Arianna Huffington）也是绿色性格的代表。拉尔夫·瓦尔多·爱默生（Ralph Waldo Emerson）是著名的绿色性格作家。J·K·罗琳是绿色性格。心理学家亚伯拉罕·马斯洛（Abraham Maslow）也是绿色性格。教皇约翰·保罗二十三世（Pope John Paul XXIII）、特蕾莎修女（Mother Teresa）和教皇方济各（Pope Francis）则是宗教界突出的绿色性格典范。

本章将帮助你判断，你自测的主要和辅助性格颜色是否准确无误。和第 24 章“调整自我，适应他人，别做傻事”一样，本章也会帮助你识别身边绿色性格的人。

如果在本书前面的自我评估中，你判定自己是绿色性格，这说明你擅长与人打交道，善于沟通。与另外三种颜色的性格相比，你可能会更喜欢这本书，因为它可以帮助你更好地了解他人。你很有可能会把你身边的每一个人“对色入座”，并运用本书提供的技巧来与他们沟通，验证这些技巧是否有效。

在所有色彩性格中，你的交际技巧更经常（不公平地）被认为是“绵软无用的”。本书将告诉你如何把这些技巧转变为经济优势。你高度完善的营销技能让你成为创造生命力强劲的产品品牌的最佳人选。你的人际交往能力能够让你在极短的时间内稳定焦躁不安的团队或部门。如果由绿色性格的人担任部门领导，人员流失的情况将会好转。如果由绿色性格的人担任团队负责人，工作效率将会提高。

现在，去阅读与你性格对应的章节吧，去发现助你获得职业满足和事业成功最自然的途径。

05

绿金外向性格

你不仅是一个绿色性格的人，还具有相当强烈的金色性格辅助特征。经过测试，你是色商外向型，也就是说，你需要通过与他人相处来重振精神，而不是通过独处来恢复精力。你富有同情心，能言善辩，忠诚可靠，你对预测未来趋势很有天赋。

绿金外向性格概述

你性格外向，喜欢社交，热情开朗，伶牙俐齿。绿金外向性格的人是天生的沟通能手，具有卓越的影响力。对所敬仰的人，你献上你的忠诚。反过来，你也期望获得同等的赞赏。这可能导致挫败感和失望。

你天生拥有很高的情商，与几乎所有性格类型的人都能友好相处。在关系融洽的团体中，你能展现最佳状态。在直觉、远见和同情的驱动下，你能出色地带领他人，充分挖掘他们的潜力。你尤其擅长预测未来的趋势和阻碍。

你非常反感举止粗鲁、恃强凌弱的人。面对赞扬，你可以很好地回应；但遭遇批评，你会很容易受伤。这让你看起来敏感易怒，仿佛最善意的批评也会使你紧张。实际的冲突让你心烦意乱（但不包括面对粗鲁霸道的人时挺身而出的时候，那时你会表现出钢铁般强悍的意志）。

你充满热情和活力，可以同时进行多个项目。你坚决果断，总是风风火火。拖累你进度的任何人都会让你不耐烦。虽然你天性乐于助人，可一旦对方未能达到你的标准，你就会提出批评或与其对抗争执。

你对他人怀有极大的兴趣，甚至几乎没有足够的时间留给自己。在私人关系和工作关系两方面，你让他人感觉你尊重并喜爱他们。

案例分析 1

金融执行官

亚历桑德拉·莱本索尔（Alexandra Lebenthal）是莱本索尔公司的首席执行官，她来自一个久负盛名的华尔街家族。她的祖父母，路易斯·莱本索尔和塞拉·莱本索尔，于 1925 年创办了莱本索尔公司。亚历桑德拉 1988 年进入莱本索尔公司工作，1995 年成为总裁和首席执行官。那一年，她才 31 岁，是最年轻的股票经纪公司女总裁。

尽管最初希望成为一名演员（对于绿色性格的人而言，这是很有吸引力的一个职业），亚历桑德拉任由祖母把她培养成了能够接管家族生意的人。接管生意以后，她得到了华尔街同行的高度评价，对她高超的广告宣传和品牌定位能力人们更是推崇备至。绿金性格的人是富有创造力的抽象思想家，天生擅长为产品定位并提出经营策略。亚历桑德拉说："我们想到这样一句广告语'我有责任让你成为我的终生客户，为此我会将你的需要放在首位'。"把客户当做自己的家人，使她的公司提供的客户服务与众不同，同时，这也符合亚历桑德拉的绿色性格。

她天生具有绿金性格预测未来趋势的能力，这激励她不断推陈出新，使莱本索尔公司保持强大的生命力、不竭的盈利能力，并最终得到市场的认可。2001 年，公司被 Advest 集团以 2 500 万美元的价格收购。2005 年，美林证券收购 Advest，并决定不再使用莱本索尔这一品牌名称。2006 年中，亚历桑德拉的竞业禁止条款期满，她便于 2007 年重新成立莱本索尔公司。

作为企业管理者，她充分体现了自身性格中典型的民主管理风格。她说：“我想让向我汇报工作的员工感觉到，他们是公司的重要的一员，他们能够参与塑造公司，塑造作为领导者的我。”她强烈支持职业女性，并被《财富管理杂志》（*Wealth Manager Magazine*）评选为50名最优秀的财富管理职业女性之一。她还名列《克莱恩商业周刊》（*Crain's*）的纽约最佳女雇主和纽约50家增长最快企业主名单。

绿色性格的人通常还喜欢写作。2010年8月，亚历桑德拉出版了她的第一本小说——《经济危机中的时尚达人》（*Recessionistas*），该书版权已被索尼电视公司（Sony Television）购买。作为华尔街最引人注目的女性，她是消费者新闻与商业频道（CNBC）的正式撰稿人和常驻媒体评论员。

案例分析2

人力资源合伙人

菲奥娜·汤普森（Fiona Thompson）是一位亲切友善的年轻女性，你可以立刻从她充满智慧的眼睛里看出她对你很有兴趣。她是一个绝佳的范例，证明绿色性格看起来“绵软无用”的人际交往技能可以为公司省下一大笔钱。菲奥娜是第一中西部银行（First Midwest Bank）的人力资源合伙人。第一中西部银行是一家快速成长的企业，总部设在芝加哥。它以社区服务为中心，在三个州开设了超过100个分支机构。

一个公司（特别是像第一中西部银行这样的大型公开交易的公司）最重要的资产之一就是它的员工。但如果处理不当，这一资产也可能变为造成经济损失的罪魁祸首。菲奥娜和高层管理人员一起研究、制定并安排实施了涵盖方方面面的高效员工规划，其中包括员工如何发展，如何处理复杂的员工关系调查等。菲奥娜说：“我特别喜欢给管理层有关员工关系方面的建议和培训，例如，规划职位的交接，处理绩效问题、员工积极性问题等。”

虽然菲奥娜的高情商降低了员工的离职流失率，给公司带来效益，但她也看到了自己的问题。她说："有时候，我会太过于在乎别人的感受，在平衡公司利益和员工利益的时候，我感到很为难。"然而，她独特的人际交往技能赋予她另一种价值，这确实可以弥补她性格上的不足。"我喜欢和人打交道——倾听员工的反馈，像橄榄球比赛的四分卫一样发挥组织作用，让不同部门的人团结协作，找到解决问题的新方法。"这一性格特点让她始终斗志满满，能够处理好工作中纷繁复杂的问题。

当员工互动产生矛盾或她必须给予建议性反馈时，菲奥娜学会了克服她绿色天性中的体贴敏感。她说："我习惯根据对方的性格调整我的交流方式，以适应对方。"（绿色性格的人自然而然地就会这样。）而克服性格特性，要求她必须付出巨大的努力，严格要求自己，因为这与绿色性格的天性相左。（但对于蓝色性格的人来说可能会很简单。）

菲奥娜之前在华盛顿的城市土地学会（Urban Land Institute）工作，她"协助在其他国家开设办事机构，因此，她必须学习与美国本土的人力资源管理完全不同的管理方法"。她想继续她的环球之旅，探索商业的进步和乐趣。绿色外向型的菲奥娜对结识新朋友和人际互动乐此不疲。

然而，私下里，她却喜欢独处。"我会看看书或听听音乐，这些安静的时光可以帮我平衡工作中与人打交道的纷扰。"

总的来说，菲奥娜的职位与她十分匹配。"我喜欢工作很有意义的感觉，"她说道，"我能让我们的员工过得更好，即使只是在很小的程度上。这样他们就会更有效率地帮助公司达成目标。"

案例分析 3

金融业市场部主管

亚当·奥兹莫（Adam Ozmer）是一个高效的绿色性格人士，而他所在的美国公司却是由金色性格和蓝色性格的人主导。作为纽约证券交易所（New York Stock Exchange）管理服务（governance services）市场部的主管，他将自己天生的预测能力转化为一项事业。

亚当说:“在我工作的团队中，有人设计策略，有人执行计划，有人销售产品，有人负责监管，也有董事会成员。我们通过互通信息、广告宣传、建立战略伙伴关系、策划营销活动以及提供销售支持，实现使公司业绩大幅增长的目的。”

大学时，亚当想成为一名杂志编辑。但大四那年，他改变了想法。“我在纽约佳士得拍卖行（Christie's Auction House）做实习生。他们把我安排在市场部，”他这样说，“我真的很喜欢这份工作。这段经历把我带上了不同的人生道路。”

他的第一份正式工作是在电路城公司（Circuit City Corporate）的广告部担任助理数码买手一职。之后，他又做过广告公司、企业营销、短期品牌推广等工作。他说:“我不仅有企业对企业的营销经验，也有企业对顾客的营销经验……我特别专注于营销职业能力和金融服务产品方面素养的提高。”同时，他的绿色性格特有的预测能力发挥了作用。亚当说:“我非常擅长从宏观的角度看问题，而且总是提前做好计划。设想某个事物的最终形态可能的样子，对我来说是一件乐事。”

虽然，他可以轻松涉足红色性格主导的技术领域，但那样会使他感到不适。他说:“我往往会参与到琢磨技术需求和具体要求的初期阶段，而中期需要攻克解决许多麻烦事情的时候，我就会抽身离开。一旦我整理出各种微小的细节，我要么会沉迷于研究每一个细节，要么就会忽略中途的所有细节，直接跳到最后。”这是典型的绿金性格的矛盾；他很看重那些能够令他坚持下去、避免他偏离正常工作轨道的同事。

如果一个工作项目要求有想象力和创造力，亚当就能以最佳状态投入其中。当他新组建一个部门时，他觉得:“我热爱我的工作中富有创造性的部分；从一张白纸开始，慢慢摸索应该怎么做。你有充分的自由去创造你自己的秩序，去打造全新的东西。”

亚当通过简单的体育活动来给自己充电。运动让他从技术和常规中解脱出来，享受思想上的放松。遛狗，或到他那座位于康涅狄格州的建于19世纪

30 年代的度假屋转转，也有同样的功效。但亚当的绿色性格中常有的艺术灵魂让他一直渴望更大的表达空间，而这是企业环境所难以给予的。他说："我一直强烈渴望到一个更有创造力的环境里工作……而不是在美国式的企业里。我无法描述那是一份怎样的工作，但它一定更简单，更注重艺术性。我想（或我希望）如果有一天我遇到这样一份工作，我会知道这就是我的理想职业。"

你的工作状态

作为团队领导

以人为本的理想主义观念决定了你充满热情的工作风格。你尊重各级员工的需求和意见，利用说服而非控制的方式对他们施加影响。和谐一致和团队合作是你的目标。你为你的员工提供细致而合适的支持，帮助他们克服个人的困难和问题。

你性格中的金色属性着眼于企业结构和组织建设，同时激发行动。你常保持积极向上的心态，将挫折视为新的挑战而非失败。

作为团队成员

如果团队因为内部人员矛盾而裹足不前，你通常是矛盾双方沟通的桥梁。其他人都明白你只是想要推动团队完成规定的目标。你不会独断专横，而是以极大的热情和善意的幽默使团队充满活力。你能够让之前有矛盾的人团结协作，发挥他们最大的能力。由于你很专注且注重结果，所以你的团队往往能如期完成任务。

请参考表 5-1，明确你性格的工作优势。

表 5-1　与工作有关的性格优势

下面列举的特征约有 80%与你的情况相符。将符合的项目勾选出来，并将它们运用到你的求职简历和面试实践中。你的独特表现将会让你从其他人古板僵化的回答中脱颖而出。你：

- ❍ 擅长用绝妙的想法和真挚的热情激励他人。

- 擅长组织人员，利用资源。
- 擅长鼓舞士气，赢得忠诚，提高效率。
- 擅长指导他人，成倍增加给企业带来的价值。
- 擅长打造和谐的团队，改造问题部门。
- 擅长创造性思维，预测未来趋势。

现在，我们来看看另一个绿金外向性格的人是如何在一个完全不同的领域发挥他的性格优势的。

理想的工作环境

吸引亚历桑德拉和菲奥娜的是他们能够掌控企业的产品或服务，并以某种方式对社会做出贡献的工作环境。这是绿金外向性格获得职业满足感的关键因素。

在收到工作邀约的时候，充分利用表 5-2 中的内容。

表 5-2　绿金外向性格的理想工作环境

请将你目前的工作环境与下面的描述进行对比。如果这些描述看起来理所当然，这说明你给自己确定的性格色彩是正确的。其他颜色性格的人，特别是金色性格的人，可能觉得这样的环境不舒服或无法保证工作效率。绿金外向性格理想的工作环境如下：

- 成员关系融洽，互相信任。诽谤和内讧会被劝阻，并被视为会影响工作效率。
- 企业理念与你的个人价值观高度吻合，都是为了生产或提供造福于社会的产品和服务。
- 能够充分发挥你出色的组织才能。工作项目可以让你施展人际交往、沟通交流和组织管理能力。
- 允许员工负责自己的项目。你具有大局观，并能激励他人参与到你的项目中来。若你长时间为他人的项目工作，对方的条条框框可能让你感到厌倦，没有成就感。
- 提供从不间断的全新的学习体验。发布新的产品或推出新的服务、学习或教授新的技术，设计新的促销策略，开发新的市场，或要求你继续深造，这些任务都会让你充满干劲。

对于绿金外向性格的人来说，最糟糕的工作环境是紧张，高度竞争，又强调权利、地位等政治性因素的环境。在这种环境里，关键信息通常是保密的，受到奖励的通常是玩弄权力的人，而不是更有效率的人。管理层和员工、同事之间没有一点人情味。这样的公司逼你放弃自己的核心价值观念，压榨员工和顾客。

绿金外向性格的人在这样的企业环境里时，为了生存，常常必须抑制你的人际交往能力。你的工作效率和工作成果都受到阻碍，想要取得事业上的成就变得像攀登高峰一样艰难。

 绿金外向性格的理想老板

如果老板与你性格不合，即使工作不错也会让你头疼不已；如果老板很对你的胃口，即使职位一般，你也不愿意辞去。绿金性格与其他类型绿色性格的人特别容易相处。不过，如果是其他颜色性格的老板，但拥有表 5-3 中所列举的品质，也会成为你的良师益友。

表 5-3　绿金外向性格的理想老板

如果符合，请打钩。你的老板：

- ❍ 见解深刻。
- ❍ 会问你对工作项目、公司、你的职业的愿景。
- ❍ 会给你积极的反馈意见，并强调他与你有共识的方面。
- ❍ 做事井井有条，言出必行，是你的好榜样。
- ❍ 和你有相同的价值观，都致力于让世界变得更美好。

对绿金外向性格具有很强吸引力的职业

从我们的案例分析中可以看出，绿金性格的人具有十分强烈的个人价值观，关心他人的需求（绿色品质），重视组织利益（金色品质）。

需要指出的是，也许你对以下所列的职业并非都有兴趣。但你应该认识到，其中的每一种职业都在某种程度上能够让你施展才华和性格优势，而且，它们确实吸引了大批与你同属绿金外向性格的人。这不是一个完备详尽的列表，但足以说明这些职业偏好的深层规律。如果列表以外的某种职业呈现出类似的规律，那么你从事该职业获得成功的概率就会更高。每个部分括号中的内容，标注出了在

这个大类中会带来成功的性格特征。

根据我们的研究，我们预测列表中粗体标注的这些职业，在未来几年里会有高于平均水平的大幅增长。这一结论是基于美国劳工部和劳工统计局公布的数据得出的。这些数据公布在两个部门的网站 O*NET OnLine (www.onetonline.org)和 http://www.bls.gov/CAREER-OUTLOOK/上，并且不断更新。你可以从中了解有关岗位要求和薪酬范围深入、全面的信息。

在任何岗位上，任何颜色性格的人都有成功的例子。在并不理想的职位上，你仍然可以打造一片属于自己的天地，发出自己的光芒。

艺术/交流/营销（与媒体相关，施展高超的语言技能，通过展示图像进行交流，管理企业形象）

艺术总监、图书杂志编辑、**博物馆馆长**、数字媒体规划师、艺术家、图像艺术家/设计师/动画师、室内设计师、记者、作家、图书馆员、文学经纪人、商品陈列师、**多媒体专员**、博物馆主管、**公共关系总监/专家**、布景/服装/展览设计师、电视和电影导演/制作人、电视剧/舞台剧制作人/新闻主播、**网站编辑/网站图像设计师**。

商业/管理（促进形成对企业发展至关重要的合作关系，帮助同事发展、运用交流和引导技能）

广告业务经理/销售经理、**通信联络主任**、**企业新职介绍顾问**、**企业培训师**、**客户销售代表**、**拓展专员**、**家族企业所有人/执行官**、**集团销售经理**、**酒店经理**、**人力资源专员/培训师**、工业心理师、人事关系主管、**市场专员/经理**（想法和服务）、**会议/活动策划人**、招聘专员/招聘面试官、**翻译员**、**城市/区域规划师**。

教育

双语教育教师、**职业/指导顾问**、**大学教授**（人文学科）、**课程开发专员**、**教育行政主管**、**线上教育工作者**、**校园心理师**、**社会工作者**、**教师**（任何层次：艺术、戏剧、英语、人文、语言、特殊教育等）（帮助他人开发潜能，耐心施加一对一的影响）。

保健科学/心理学（工作环境与本人价值观相符，善于观察了解他人，擅长寻找问题新的解决方式，耐心施加一对一的影响）

另类（整体）保健治疗师、辅助生活机构管理者、听觉矫治专家、临床心理医生/精神病医生、牙科保健员、膳食专家/营养学家、老年护理专家、全科医生、遗传咨询师、听力辅助专家、家庭保健助理、内科医生/医药研究人员、心理健康咨询师（婚姻、职业、滥用药物等方面）、护理师、验光师、儿科医生、物理治疗师、医师助理、公共健康指导、言语病理学家、兽医。

法律（对人们的行为动机理解到位）

律师（儿童、通讯媒体、家庭关系、环境、知识产权、信托基金和房产财产等方面）、纠纷协调解决员。

社会服务（具有所需的卓越组织技能，制定目标，利用所有资源，帮助需要帮助的人，与本人的价值观相符的工作，让世界变得更美好）

关爱儿童专家、儿童福利专家、培训师（商业、生活方面）、顾问（职业、儿童福利、裁员后再就业、心理辅导、滥用药物等方面）、托儿中心管理人、募款人/机构事务律师、慈善管理人/顾问、宗教领袖/推广教育者、老年保健主管/专家、社会工作者/社区服务经理。

数字化/高新技术（善于把技术人员和内部员工、顾客联系在一起）

客户关系经理、人力资源招聘专员、社交媒体管理者、内部人员的技术顾问。

案例分析 4

当职业难以为继时

巴迪·科尔曼（Buddy Coleman，本书作者的一位客户，此处为化名）在一家著名企业做了 15 年的保险销售工作。他很喜欢与客户打交道，并为自己能够帮助他们积极规划未来而感到自豪。

但 15 年过去了，这些已无法让他满足。多年来，文字工作量越来越大，这是使绿金外向性格感到非常头疼的事。处理各种具体事务和跟规定有关的实际问题让他筋疲力尽。他希望换个工作岗位（任何岗位都行），可以发挥他绿金性格善于从宏观角度看问题的优势。

他所在的专业保险销售团队举行了一次会议，会上他听说工作多年的总监即将退休，公司正在物色接替她的人选。巴迪马上向与会的一位董事表明了自己对这一职位的兴趣，对方热情鼓励他提交一份简历。如今，他带着12名志愿者，利用自己绿金性格特有的创造力，每月为公司封面闪亮的《新闻通讯》撰写“未来趋势”专栏。他使员工活动的数量增加了50%，且亲自参加每一次活动，让人们加强联系是绿金性格永远都喜爱的一项工作。

你的性格所面临的挑战

绿金外向性格的人对工作存在一些特殊的、潜在的盲点。以下列举的特点有些与你相符，有些不相符。特别关注这些盲点，可以减少它对你的不利影响。而后，采取更有效的做法，并把这些做法变成你的习惯。（下面的括号中列举了一些建议做法。）

你的性格盲点可能包括：

- 总是避开冲突和对抗。（你认为冲突和批评都是针对自己的，所以总是设法避免，以保护自己。要敢于直面冲突。根据自己的实际情况，通过不断直面冲突，培养自己更加无畏的心态和意志。）
- 不太喜欢表现欠佳的员工或有控制欲的朋友和亲属。（不要无视内心这个提醒你自己不开心的小警钟。记住这段话，并毫不犹豫地大声说出来：“我知道你在做/没在做某件事。我现在想说几句话，让你明白我不喜欢你继续这样的做法。”）
- 在做出重要决定时，过分依据个人的好恶，而不是根据事实、数据和研究。（下次做决定时，还是根据你的好恶来判断，但也强制自己收集一些事实和数据。看看加上这些新要素，有没有什么不同。）
- 你道德感强烈，以此评价、说教他人时，会让对方很反感。（试试这样说：

“现在，我不再一个人说说说了！不过，你同意不同意我的观点呢？换了是你，你会怎么应对呢？”）

 你的求职之路——优势和劣势分析

绿金外向性格的人拥有过人的人际交往能力。许多面试官都是绿色性格，面对他们，你会立刻感到融洽合拍。但是，面对其他颜色性格的面试官，你需要采取不同方式与之交流。

你的性格优势使你很容易：

- 组织并实施综合性的求职计划。
- 广泛发动关系网，找到求职线索。
- 以你的口才和自信给面试官留下深刻的好印象。
- 将过去的工作经验有效运用到新行业或新岗位中。

为了避免性格盲点造成不利影响，你必须：

- 不要仅凭直觉，要全面考量职位实际的相关信息。
- 深思熟虑，不要急于做决定。
- 若被拒绝，不要过分在意。
- 讨论薪酬时，不要过多谈到细节。把面试当作对弈，讲究策略，以赢得尊重，争取待遇。

绿金外向性格的面试风格

如果面试官的性格色彩与你的相近，你会立刻感觉相处融洽。然而，如果面试官看起来与你的性格相去甚远，请采取下面括号中提出的建议做法。

你的性格会让你：

- 充满热情地表达自己的观点。（如果面试官较为冷静严肃，在这方面请稍微收敛一下。）
- 过分重视总体介绍，对你的经验和目标没有展开描述，缺乏细节支持。（有些面试官喜欢有条理的或按时间顺序进行的展示。如果是这样，请避免头脑风暴式的陈述以及比喻性的语言。）

- 喜欢尽快建立个人化的人际关系。(如果面试官严肃地与你打招呼，看起来喜欢分析思考，而且刻意与你保持距离，那么你的举止也要严肃庄重，应该简明扼要地直接回答问题。)
- 不太擅长薪酬谈判和讨论其他财务问题。(事先对参考工资和标准福利进行调查研究。如果你的履历相当出色，要敢于提高薪酬要求。你可以说："以我的资历，我希望能拿到××的薪酬。"如果他们仍然压低你的薪酬，直接走人。你要给予自己充分的尊重，这样你才能在薪酬谈判中占优。)
- 思维敏捷，反应迅速；说得多，听得少。(积极倾听对于理解面试官关注的重点非常关键。罗列准备一些对你来说至关重要的问题，并密切关注对方给出的回答。)

好了，现在去和你的朋友或家人做些别的事情。然后阅读第 19 章"金色性格概述"，了解你的性格辅色具有的优势。再阅读第 24 章"调整自我，适应他人，别做傻事"，了解哪些颜色性格的人对你最有帮助。

06

绿金内向性格

你不仅是一个绿色性格的人，你还具有相当明显的金色性格辅助特征。经过测试，你确定自己是色商内向性格（Color Q Introvert）。也就是说，你需要通过独处而非与人相处来恢复精力。有趣的是，你所属的这类性格，既热情又保守。你只与关系亲密的人交流谈心。如果没有建立足够的信任，你不会向他人展示自己的内心。你善于观察和理解他人，也乐于帮助他人进步。虽然是个理想主义者，但你同样擅长组织管理，并能有始有终地完成工作项目。

绿金内向性格概述

绿金内向性格的人相信直觉，深谋远虑，富有同情心，善于理解并激励他人，能够充分挖掘他人的潜力。你非常渴望与他人建立相互理解的深厚关系，但你亲密的朋友并不多。从外表上看，你冷静理智，超然独立，但内心对你爱的人和你的价值观怀有执著深刻的感情。如果这些价值观受到挑战，或是你爱的人受到威胁，你会令人惊讶地一改平时随和的性格，变得强悍、苛刻，甚至表现出攻击性。

你是一个目光敏锐的观察家，你非常了解如何激励他人。你善于把握身边的宏观环境动态。虽然例行公事让你几乎要窒息，但你也能接受生活现实，履行必

要的义务。和谐融洽的环境是你发挥创造力和交际能力，并组织和激励他人的必要前提。如果能获得赞赏，你很愿意施展你的高情商。对你敬仰的个人、事业和组织，你会表现出极大的忠诚。反过来，你也希望收获同等的忠诚和支持作为回报。

在他人眼中，你富有耐心、创造力和责任感，你倔强，还有点高深莫测。与人交往时，你肯定并支持对方，让你关心的人感受到尊重和喜爱。家庭或工作中的矛盾冲突会给你造成困扰，你会尽可能地忽视它们的存在。

绿金内向性格的人精明老练、难以捉摸、口齿伶俐。工作中，你常会被描述为：认真谨慎、目标明确、有条不紊、庄重严肃、勤奋努力和雄心勃勃。你果敢坚决，总是风风火火。拖累你进度的任何人都会让你感到不耐烦。你的远大抱负让你常常超额工作和付出。

你的创造力和洞察力让你善于预测未来趋势。因此，你常可以用新方法来解决问题。

因为性格内向，所以在开放的办公环境里或个人隐私未获尊重时，你容易感到疲惫和烦躁。你对他人怀有极大的兴趣，也会留给自己宝贵的休息、恢复时间。

你最讨厌浅薄、粗鲁，侵犯你的个人隐私的人。愤怒的你，变得挑剔刻薄，针锋相对。在后半生，你能更好地跟这种人打交道，运用出色的口才把自己从他们的圈子中抽离出来。因为你知道，你没有义务帮助所有需要帮助的人。

你的工作状态

作为团队领导

“努力工作，把理想变成现实”是你的职业信条。你看到理想的未来前景（通常比大多数人看得更长远），并为了实现它而努力奋斗。通过劝说而非控制的方式来达成一致和合作，是绿金内向性格的典型特征。你让所有的意见都能被讨论，不吝给予赞赏和支持来激发每个人的最大潜能。

你对工作极度投入，言行举止都十分正直。你是绝佳的榜样，激励他人勇攀高峰。但你并非一直坐在办公室里白日做梦。你参与实际工作，让各种组织机构各归其位，以确保目标达成。你把挫折简单地当成新的挑战。有时，你会发现令人惊奇的新方法、妙招来达成目标。当员工遭遇工作或个人问题时，你会以适当的方式为他们提供帮助。

作为团队成员

你的目标是和谐融洽地工作，所以你会在冲突派别之间发挥沟通交流的作用（通常是以幽默的方式）。你关注的焦点是结果，以及确保结果达成的各种有利条件。你会通过头脑风暴，想出许多点子，人们总会笑着认可其中某个真正可行的方案。你会在他们止住笑声之前，激发他们最大的努力和热情。

你在情绪方面有很强的掌控力，同时，你也有脚踏实地的一面。你总是按时完成任务，绝不拖延，也确保人力和物力资源不被浪费。

但你可能会因为坚持己见、一意孤行而招致团队其他成员的不满。

请参考表 6-1，了解你与工作有关的性格优势。

表 6-1 与工作有关的性格优势

下面列举的特征约有 80%与你的情况相符。将符合的项目勾选出来，并将它们运用到你的求职简历和面试实践中。你的独特表现将会让你从其他人古板僵化的回答中脱颖而出。你：

- ❍ 目光远大；能够看清未来的趋势，以及长远发展形势的可能性。
- ❍ 能够很好地引导、指导他人，给予反馈的时候讲究方式方法。
- ❍ 能够很好地规划项目工作，坚持跟进，按时完成。
- ❍ 能够安排合适的人完成合适的任务。
- ❍ 能够发现解决问题的新方法，并能将该方法解释清楚。

现在，我们一起看看一些绿金内向性格的人是如何在不同领域发挥性格优势的。

案例分析 1

获奖剧作家

1969 年从位于康涅狄格州纽黑文的耶鲁戏剧学院(Yale School of Drama)毕业以后，朗尼·卡特（Lonnie Carter）就成为一个专业的剧作家。19 岁时，他第一次观看了戏剧现场演出。那是田纳西·威廉斯（Tennessee Williams）的作品，对戏剧界有着深远影响。他回忆说:“我喜欢戏剧这种语言表达形式。我觉得我可以尝试一下，虽然可能无法与威廉斯比肩，但是也可以运用语言的力量，为戏剧界添砖加瓦。戏剧创作给我带来美好的感觉，我从中获得了很多乐趣。”

朗尼在纽约大学和哥伦比亚大学担任教职。这让他充满活力和灵感。他承认:“学生的确会耗竭你的精力。但我喜欢我的学生，其中有些人我特别喜欢。我喜欢收到一个已经毕业五年的学生写给我的信，他写道:‘我在圣地亚哥有一场戏剧演出，表演非常成功。谢谢你。’这让我感到无比快乐。曾有两个拉丁裔学生企图在我的课堂上杀了对方。那是七八年前的事了。可现在他们一起拍电影，而且都是很好的电影。他们是克里斯托夫·加百列·努涅斯（Christopher Gabriel Nunez）和塞拉·雷耶斯（Saila Reyes）。你可以去查查他们的资料。”

虽然作为剧作家，他从来没有体验过一夜成名的快乐，但最近他的作品《马格诺·卢比奥的浪漫故事》(*The Romance of Magno Rubio*)获得了《村声》(*The Village Voice*)颁发的奥比奖（Obie Award），该奖项是表彰百老汇之外的戏剧工作者的最高奖。他把此次获奖归功于坚持不懈的努力。他说:“每一年都是这整个过程中迈出的又一步。然后，我就这样一步一步坚持走了 40 年。”现在，他忙着创作一部又一部作品，“我像是在一辆不停行驶的车里写作，一刻都停不下来。”

朗尼不喜欢乘飞机旅行，这会割裂他的创作时间。他也不喜欢规模庞大的大学内部的官僚体制。他抱怨道:“到处都是官僚做派的人，却连一个有脑子的都看不到。”从大学系统彻底脱离出来以后，他把所有的时间都花在个人创作和抚养孩子上，尽管他的四个孩子有三个已经长大成人了。“总有人需要我去抚养。”他开心地感叹道。

案例分析 2

医疗保健行业公共关系高级副总裁

玛姬·霍夫曼（Maggie Hoffman）是观念管理方面的大师。每一天，她都充分利用其丰富的公共关系经验，帮助她的客户评估和管理重要人群和个人的观点理念。玛姬的工作是为客户打造良好的公众形象，但有一条她衡量自己成功与否的标准，她从来不提。我们只能向她的下属打听。她的下属称自己是 MITs——正在接受培训的玛姬（Maggies in Training）。

与她的绿金性格特点相符，玛姬在三件事情上表现尤为出色。她能够判断未来的发展趋势，并能以高质量的研究来支持自己的预测；她非常善于与客户和员工交流；她一直致力于最大化计费工时和工作效率，同时又能避免员工过度疲劳。

据她的同事说，玛姬在做事和思考问题的时候都非常有条理。这是她性格中金色品质的体现。而她性格中的绿色特征，玛姬这样说：“最让我高兴的事是知道我团队的成员积极参与，直面挑战，心情愉快。”

她的同事说，客户需要商业建议和各种资源的时候，团队的人都会向玛姬请教。在公共关系行业，这种情况并不多见。这充分说明了她的职业公信度。

如果她参加的集体活动没有经过精心安排，玛姬就会感到非常紧张、疲惫。陌生拜访、潜在客户挖掘、时间紧迫时发挥作用以及危机时期的人员管理是她最不喜欢的工作情境。但当她为某个客户或品牌敲定了正确策略时，她就会精神抖擞。

理想的工作环境

你理想的工作环境能够让你以某种方式对社会做出积极贡献。不仅如此，你还具有很强的适应能力。

在收到工作邀约的时候，充分利用表 6-2 提供的信息。

表 6-2　绿金内向性格的理想工作环境

请将你目前的工作环境与下面的描述进行对比。如果这些描述看起来理所当然，这说明你给自己确定的性格色彩是正确的。其他颜色性格的人，特别是蓝色性格的人，可能觉得这样的环境不舒服，也不利于提高工作效率。绿金内向性格理想的工作环境：

- 人们彼此信任。
- 奖励创造。
- 充满平等主义的文化氛围，认可并且非常愿意，投资于员工的发展。
- 提供的产品与服务有利于社会的繁荣发展。
- 提供机会，让员工参加各种活动。
- 赋予员工权力，让你对自己的项目有足够的控制力和责任感。
- 出色的组织能力会受到褒奖。
- 为你提供安静独处的时间和私人工作空间，让你可以反省沉思，文字工作也被压缩到最低限度。

对于绿金内向性格的人来说，最糟糕的是那种紧张、高度竞争，又强调权利、地位等政治性因素的企业文化。在这种环境里，创造力遭到打压，绿金内向性格的人就会变得苛刻挑剔，充满戒备心理。绿金内向型格的人无法容忍一个企业的产品或服务既侵吞员工的权益，又利用客户的弱点。在内心深处，你非常渴望对世界做出积极贡献。过分注重细节或等级森严、地位意识强烈的工作环境，同样也会严重影响你的创造力和工作效率。

当绿金内向性格的人处于这种非理想的企业文化中时，其工作效率将很难提高，想要取得事业上的成就变得像攀登山峰一样艰难。

 绿金内向性格的理想老板

如果老板与你性格不合，即使工作不错也会让你感到沮丧和挫败；如果老板很对你的胃口，即使职位一般，你也不愿意辞去。绿金性格与其他类型绿色性格的人特别容易相处。不过，如果是其他颜色性格的老板，只要拥有表 6-3 中的列举的品质，也会成为你的良师益友。

表 6-3　绿金内向性格的理想老板

如果符合，请打钩。你的老板：

- ❍ 品德高尚。
- ❍ 与你具有相似的价值观。
- ❍ 与你建立了私人友谊。
- ❍ 支持员工克服各种困难。
- ❍ 保护你免受职场政治的伤害。

对绿金内向性格具有很强吸引力的职业

与朗尼和玛姬一样，你也非常喜欢那些认可你的创造能力或能帮助他人进步与发展的职业。绿金内向性格需要与他们信赖的人一起工作。单独工作或与一小组人工作效果最好，这可以为他们提供私人的空间和安静的时间。

需要指出的是，也许你对以下所列的职业并非都有兴趣。但你应该知道，其中的每一种职业都能够让你在某种程度上发挥性格优势，而且，它们确实吸引了大批与你同属绿金内向性格的人。这不是一个完备详尽的列表，但足以说明这些职业偏好的深层规律。如果列表以外的某种职业呈现出类似的规律，那么你从事该职业获得成功的概率就会更高。每个部分括号中的内容，标注出了在这个大类中会带来成功的性格特征。

根据我们的研究，我们预测列表中粗体标注的这些职业，在未来几年里会有高于平均水平的大幅增长。这一结论是基于美国劳工部和劳工统计局公布的数据得出的。这些数据公布在两个部门的网站 O*NET OnLine (www.onetonline.org)和

http://www.bls.gov/CAREER-OUTLOOK/上，并且不断更新。你可以从中了解到，有关岗位要求和薪酬范围深入、全面的信息。

在任何岗位上，任何颜色性格的人都有成功的例子。在并不理想的职位上，你仍然可以打造一片属于自己的天地，发出自己的光芒。

艺术/交流/计算机（工作与媒体有关，通常单独工作，重视创造力，需要高超的语言驾驭能力）

广告/营销/市场部门经理、艺术/图像/设计专员/总监/动画设计师、艺术家、展览设计师、电影剪辑师、**室内设计师**、**网络营销经理/客户关系经理**、图书馆员、**文学经纪人/图书出版从业者**、杂志/图书编辑、媒体规划师、**商品陈列师**、**多媒体专员/制作人**、博物馆主管/馆长、作曲家/音乐制作人、**公共关系总监/专家**、**服装/布景设计师**、电视制片人、**网站编辑**、作家/剧作家/记者。

商业/管理（帮助他人挖掘潜能，要求讲究策略）

通讯联络总监、顾问式销售人员（销售观点观念，不仅仅销售实体产品）、电子书出版人、员工帮助计划负责人、招聘面试官、**人力资源/多元化管理人**、行业心理师、职位分析师、营销人员（创意和服务）、商品陈列师、**机构发展顾问**、**企业新职介绍顾问**、慈善负责人/顾问、公共关系、**培训与发展专员**、**笔译员/口译员**。

教育（帮助他人开发潜能，耐心施加一对一的影响）

教育行政主管、教育顾问、**教育软件开发者**、教学协调员、**线上教育工作者**、校园辅导老师、**教师**（任何层次：艺术、戏剧、英语、人文、语言、社会研究、特殊教育、**双语教育**等）、大学教授。

保健科学/心理学（工作环境与本人价值观相符，善于观察了解他人，擅长寻找问题新的解决方式，耐心施加一对一的影响）

另类保健师、**儿童保育从业者**、**脊椎按摩师**、**临床心理医生/精神病医生**、**膳食专家/营养学家**、**老年护理专家**、**全科医生**、医疗保健行政管理者、**整体保健治**

疗师、心理健康咨询师/治疗师（婚姻、职业、滥用药物等方面）、职业治疗师、验光师、儿科医生、物理治疗师/按摩师、医师助理、公共关系、老年人日间看护协调员、言语病理学家、治疗专家。

法律/科学（具有组织管理能力、乐于助人，致力于建设更加美好的世界）

动物/食品和环境科学家、系谱学家（寻找与其价值观相符的才智挑战和科学事业）、律师（儿童、通讯媒体、环境、房产、知识产权、救贫法）、纠纷协调解决员。

社会服务（具有所需的卓越组织技能，制定目标，利用所有资源，帮助需要帮助的人，从事与本人的价值观相符的工作，让世界变得更美好）

培训师（商业、生活方面）、顾问（职业、儿童福利、裁员后再就业、宗教、职位治疗师）、募款人/机构事务律师/资金发放协调员、慈善顾问/管理人、宗教领袖/推广教育者、社会学家、社会工作者/社区服务经理。

技术（善于把技术人员和内部员工、顾客联系在一起）

客户关系经理、项目经理、人力资源招聘专员、内部人员的技术顾问。

案例分析 3

成功的绿金内向人士

二十五年来，穆巴拉克·阿布杜哈迪·艾度沙利（Mobarak Abdulhadi Aldosari）博士一直奋战在沙特阿拉伯职业指导和咨询行业的最前线。1998年，他参与开办了该国东部省的第一所职业指导中心。他说，他咨询与指导的博士学位“和我的性格类型相符”。

艾度沙利博士对色商（Color Q）的应用说明了性格色彩理论能够运用在不同文化背景的社会里。他在沙特阿拉伯拥有一家叫做罗瓦德·阿尔玛拉法的教育咨询事务所（Rowad Almaarefa Educational Consulting Firm），并且拥有色商执照。他说："我已经在超过 70 000 个阿拉伯湾国家的学生（包括男生和女生）、教师和咨询师身上运用了色商性格体系。这一体系正是这里的人们所需要的。"

艾度沙利博士是非常相信直觉的绿金内向性格人士。他认为自己的职业优势是，他很想帮助别人，激励他们，看到他们取得成功。他说，职业指导在他们国家的学校里还很少见："有一次，我问一个 12 年级的高中学生他的梦想是什么。他回答说：'我还没有想过这个问题。'这让我很震惊，让我决定从事并专注于职业指导这个行业的工作。"

今天，他致力于帮助学生找到他们的职业道路，也为私营企业的员工和领导者提供帮助。

你的性格所面临的挑战

绿金内向性格的人对工作存在一些特殊的、潜在的盲点。以下列举的特点有些与你相符，有些不相符。特别关注这些盲点，可以减少它对你的不利影响。然后，采取更有效的做法，并把这些做法变成你的习惯。（下面的括号中列举了一些建议做法。）

你的性格盲点可能包括：

- 过于理想化，而忽视最终结果。（要让理想变为现实，必须具有务实精神。你所预想的种种好处可能会付出过高的代价。请向金色和蓝色性格的人咨询过程与成本方面的问题。）
- 缺乏政治智慧。（找一位可以保护你免受这方面影响的老板或上司。如果你已经卷入其中，请拒绝继续参与并抽身离开。奇怪的是，这往往能够奏效。）
- 避免冲突、对抗和可能导致冲突的问题。（以上这些可能会导致情绪失控，而这并非你的本意。所以，不要等事态变得不可收拾才采取行动。在大家都冷静时，问题更容易也更快解决。）
- 将批评过分个人化。（你将批评视作关系的破裂。下次你的朋友批评你时，可以问问他们是否还喜欢你。如果他们说："当然喜欢你了"，你是否会感到惊讶？很多批评都是出于善意。）

- 想法离题，脱离现实。（五年后可能出现的结果会让你兴奋不已。但是，这无法让红色性格的人明白今天该做些什么，也不会让金色性格的人知道今天该如何管理，蓝色性格的人也搞不清该制定怎样的策略。问问他们："如果要实现这个目标，我现在应该怎么做？"这样，他们会更容易接受你的五年计划。）

 你的求职之路——优势和劣势分析

绿金内向性格的人拥有独特的创造性思维，即使在求职的过程中也会充分展示这一点。你总能找到有趣的方式让自己的简历脱颖而出。面对某些面试官时，特别是绿色和金色性格的面试官，你会立刻感到融洽合拍。但如果是其他颜色性格的面试官，你就要提前做好应对的准备。

你的性格优势使你很容易：

- 从数量不多，但值得信赖的朋友圈子和昔日同事那里收集到求职信息。
- 根据事实和直觉制定总体规划。
- 不会给自己设限，你不会放过全新的领域和不同寻常的机会。
- 大胆设想未来趋势，创造性地解决问题，能让你找到为你量身定制的职位。
- 坚持与陌生客户和潜在客户建立联系。
- 文字工作井井有条。
- 展现你的责任心和能力。
- 很好地理解面试官的意图。

为了避免性格盲点造成不利影响，你必须：

- 先在朋友中建立起关系网，然后逐步接触一些你不认识的人。
- 调查了解某份工作的薪酬范围（可以向愿意帮助你的金色性格人士求助）。
- 多谈谈自己，充分展示你的成功经历。
- 以务实的心态看待成本和最终效益。
- 弱化他人的需求，突出你的期望。

- 找个愿意帮忙的红色性格人士，与他练习薪酬谈判的技巧。
- 若被拒绝，不要过分在意（找一个绿色性格的人，听听他的鼓励）。

绿金内向性格的面试风格

如果面试官看起来与你的性格相去甚远，请采取下面括号中提出的建议做法。尽力挖掘你的本色能力，争取更多的工作机会。

你的性格会让你：

- 看清宏观大势，并往往最先展示这一点。（如果你申请的是一个高级职位，这将大有助益。但如果是一个低级职位，这可能会让人反感。任何老板都不希望下属比自己看得还要深远。除非被问及，否则不要主动提出。）
- 仔细倾听，运用你卓越的理解能力，弄清他人的观点。（这会给很多面试官留下良好印象。不过，有些面试官会想看到你过硬的职业能力。那么，你应该充分展示自己对这份工作的控制力和适应力。）
- 有条理地展现自己。（做好准备，展示你的背景和目标存在的优势和劣势。如果面试官语言风格比较具体，你也要运用务实的语言，减少修辞或抽象的说法。）
- 善用个人经验来支撑你的观点。（如果面试官看起来不太喜欢这样或移开视线，则长话短说。）

好了，现在去做些与文化有关的事儿吧。过后再阅读一下第 19 章“金色性格概述”。和所有的性格类型一样，你的性格盲点可以利用他人的优势来弥补，只要你知道如何识别出他们以及如何说服他们来帮助你。花点时间学习如何找到最能帮助你的人，他们属于何种颜色性格。这真的能够让你的生活变得更轻松。如果你正在努力寻找工作，阅读第 27 章的职业发展路线图，摘抄些笔记。记录你的优势和策略，能让你有条不紊、不偏方向。同时，为你建立职业人际网络提供一个创造性的跳板。

07

绿红外向性格

你不仅是一个绿色性格的人，你还具有相当明显的红色性格辅助特征。经过测试，你确定自己是色商外向性格。也就是说，你需要通过与人相处来重振精神，而不是独自一个人来恢复精力。绿红外向性格的人为人热情、无拘无束，常常感到要被迫遵守由其他颜色性格的人设定的实际工作规范。与其他颜色性格的人相比，你的职业变动可能更加频繁。这并不是因为你无法专注于一份工作，而是因为你很有天赋，具有很强的好奇心和灵活性。

绿红外向性格概述

新点子、新观念会让你欢欣鼓舞，所以你对不同寻常的事物总有浓厚的兴趣。你最大的职业满足就是自己的创造性和特殊贡献得到认可。崇尚自由的你，不循规蹈矩，欣赏勇敢创新的精神。

你是一个目光敏锐的观察家，你非常了解如何激励他人。对于身边宏观环境的动态，你能随时、准确地认识和把握。你热情拥抱那些能够展现你的独创性的挑战。虽然例行公事对你来说就像个包袱，但你也能接受生活现实，履行必要的义务。

即使没有频繁更换工作，你也必然比其他颜色性格的人更经常更换工作项目和目标。你担心别人会认为你是个飘忽不定的怪人，其实大家都认为你思维活跃，精力充沛，很善于同时应对许多不同的人和事。

你尝试过写作或公开演讲吗？如果还没有，你内心肯定也有过这样的念头。你具有非常出色的口头和写作能力。你能让雇主相信，即使你之前从未有过类似的经验，你也能胜任这份工作，而且，能够比其他人做得更好，更有创造性。

对于对抗官僚体制，你乐此不疲。你必须拥有创造的自由，否则你就会萎靡不振。

相互理解的人际关系是你的另一个重要需求。你温暖热情、目光敏锐。因为你真诚且不喜评判别人，所以能很快与他人建立融洽的关系。

你凭借直觉就能判断未来的趋势和前路的陷阱，就像宴会桌上自然而然就摆放着盛宴的菜肴一样。直觉让你对很多领域都充满兴趣，你自己都几乎无法控制。许多这样的领域都已对人们产生重要影响，或引起全球关注。

你最讨厌那种喜欢操纵或控制别人的人。在后半生，你会采取更客观、更合理的态度来对待这些人。你会运用出色的口才把自己从他们圈子中抽离出来。

案例分析 1

商务顾问

格雷格（Greg）具有典型的绿红外向性格特征。他在一个不是特别适合绿红外向性格的领域里，打造出了属于自己的一片天地。他通过着重发挥自己的创造力和在工作中建立人际关系的能力，在一家行业领先的战略咨询公司成功晋升到了高级管理层。

毫不意外，格雷格说："对我来说，分析师从来都是最困难的职位，因为必须一直关注细节详尽的事实和数据。我更喜欢 80/20 原则。确定关键事实，但不要过分细想追究，然后相信你的直觉，跟着直觉走。"

格雷格负责管理一个团队，他这样描述这个团队的目标："引导客户顺利完成应对变化的过程。这就要求我们的团队具备鲜明坚定的观点、有力的说服技巧以及建立信任的能力。"

他面临的最大问题是，他必须表现得像一个专家，可他觉得自己并非专家。而他所属的绿红性格又崇尚真实。他更喜欢长期的任务，他花了 12 个月的时间才真正做到轻松自如地和他的客户交流。

与员工和客户建立关系是他最喜欢的工作。大多数绿红性格的人都是如此。他最喜欢看到他帮助过的客户推出新的广告和产品。他说："我喜欢真真切切地触摸到摆放在货架上的产品，并把它们带回家，说：'我也为这件产品做出了贡献。'"

格雷格认为他有三大优势，即"激励他人，培训指导、建立关系"。这些是绿红外向性格的核心优势。

另一个典型特征是，他对未来充满梦想。他想成为一名有出版物作品的诗人（很多绿红外向性格的人在生命中的某个时刻转向写作事业），一名小企业老板，一名摄影师或一个非营利性组织的管理者。绿红外向性格的人喜欢艺术性和社会性的工作，他们也喜欢在小型团体中工作，因为这样他们可以了解其中的每一位成员。

你的工作状态

作为团队领导

在激发他人最大潜能方面，你是个真正的天才。在公司或项目的起步阶段，你是一个强有而力的领导（特别是在混乱的情况下）。你让大家充满自信并相互支持，团结一致，战胜困难。你对人们行为动机的深刻理解，为你赢得员工坚定不移的忠诚拥护。愿意倾听每一个不同层级的人发表的意见，这让你能以独特的方式解决问题。然后，在具体实施的过程中，你会给予积极的、建设性的反馈，以此激励你的员工。

作为团队成员

善于头脑风暴是你的重要优势。在这方面，你几乎比任何人都更出色。你想出一个又一个点子，不管有多么奇怪，最后你会发现，这些极富创造性的点子让你的公司走在行业的最前沿。

你的热情、幽默和“无所不能”的积极态度让其他人感到轻松愉快。在你的带动下，他们也能迸发各种想法，提供原本被闲置的各种资源。

你可能会因为说得太多和想法离题而招致其他人员的反感。

请参考表 7-1，明确你性格的工作优势。

表 7-1　与工作有关的性格优势

下面列举的特征约有 80%与你的情况相符。将符合的项目勾选出来，并把它们运用到你的求职简历和面试实践中，将会让你从其他人古板僵化的回答中脱颖而出。你：

- ❍ 能激发他人。
- ❍ 能用饶有趣味和多彩多样的方式表达自己的想法。
- ❍ 观念超前，凭借不同寻常的联系联想，预测未来的发展趋势。
- ❍ 能快速建立起融洽的关系。
- ❍ 尊重不同观点，组织高效忠诚的团队。
- ❍ 在组织内部有良好的人脉关系。

现在，我们一起看看一些绿红外向性格的人是如何在不同领域发挥性格优势的。

案例分析 2

模特、演员、室内设计师、编剧、作家

格洛丽亚·帕克（Gloria Parker）的脸，我想你应该不陌生。她是奥列格·卡西尼（Oleg Cassini）的首席模特，曾出演过多部电影、电视剧和广告片。如果你不认得她的脸，你可能因为她参与编剧的电视剧，如《墨菲定律》（*Murphy's Law*）和《霹雳神兵》（*Tour of Duty*）等，听说过她的名字。也许，你还从她位于洛杉矶蒙大拿大道的高档商店中购买过豪华家具。如果你足够幸运，你还可以像电影明星梅格·瑞恩（Meg Ryan）、汤姆·汉克斯（Tom Hanks）、皮尔斯·布鲁斯南（Pierce Brosnan）和阿诺德·施瓦辛格（Arnold Schwarzenegger）那样，聘请她装修你的房子。

谈及她的表演生涯，格洛丽亚说：“我喜欢站在舞台上，通过表演给人们带来欢笑和哭泣。它为我打开了一个崭新的世界，而我有可能永远都不会踏进这个世界。”

当她的表演事业开始走下坡路，格洛丽亚以典型的绿红外向性格的方式应对。她听从内心的声音，开办了一个家具商店。利用自己在时尚行业的人脉拓展销售，并培养出了室内装饰定制设计的客户群。“我喜欢艺术，同时，我也很擅长销售。”她这样说。

绿红外向性格的人喜欢建立广泛的人际关系网，而格洛丽亚的人脉帮助她敲开了剧本创作世界的大门。她带着惯有的热情，回忆道：“我创作的第一个剧本《女子健身房》被拍成了电视剧，并卖给了电视台。”

绿红外向性格的人喜欢参与各种活动。格洛丽亚是一个绝好的例子。“当电视节目邀请你的时候，你真的会非常兴奋。你走进公众的视野，你很年轻，整个世界似乎都被你征服了，”她说，“加利福尼亚最炙手可热的人都来我的商店看我。我的第一部剧被搬上荧幕，引起了非常多的关注，影评纷纷称赞我才华横溢、天赋过人。”

当绿红外向性格的人热情似火地完成了他们所能做的一切，他们对一项事业的兴趣就会减退，继而投入下一个让他们兴奋的事业中去。他们只是随着其艺术核心品质发展。这种品质像灯塔一样指引着他们转向下一个热门的事业。

最后，格洛丽亚从洛杉矶隐退。她再一次听从了内心的声音，着手写一本先锋作品，是关于她儿子变性的心路历程。《来认识罗宾》(*Meeting Robyn*)一书于2013年出版。这比布鲁斯/凯特琳·詹娜宣布变性吸引媒体注意，还更早两年。(之前已经备注凯特琳·詹娜变性是2015年，所以此处应为2年，编者注)

虽然，对于其他颜色性格的人来说，格洛丽亚的事业之多令他们晕眩，但对她来说，这些都是非常自然的过程。“我最大的满足就是，看到某件事完成了，并且很完美，它给其他人带来了快乐。”

案例分析 3

艺术家、商业艺术家、艺术教师

奥德里奇·特普利（Oldrich Teply）是一个用艺术在生活的、令人羡慕的人。他的企业绘画作品、艺术和教学在众多层面成就了他。奥德里奇最喜欢的工作是在纽约著名的艺术学生联盟（Art Students League）教学。他带的每个班级都有 50 名学生，他温和、婉转地纠正学生在比例、画法、构图和着色方面的错误。绿金外向性格的教师善用自己的方法激发学生，而且喜欢和学生打交道。面对不同年龄、不同背景、水平各异的学生，奥德里奇都能以同样轻松自在的方式对待。他拥有绿红性格人士渴望帮助他人开发潜能的核心品质。而最让他高兴的是，看到一个学生开始展现他自己的绘画风格。

他还会给企业作画，例如，他为新建的高层公寓大楼创作了一幅水彩画。这样的作品需要研究建筑图纸，与建筑师、设计师沟通咨询。绿色性格的人特别善于利用不同的资料，创造出引人入胜的视觉效果来传达项目的精神特质。

应时任纳贝斯克公司 CEO 的路易斯·郭士纳（Louis V. Gerstner）的邀请，奥德里奇为公司新任管理团队绘就了 28 幅漫画肖像，帮助他们顺利完成交接。年会上，当大屏幕上播放出这些肖像时，奥德里奇捕捉到的幽默瞬间打破了即将进行职位交接所带来的紧张气氛。幽默是绿红性格人士用以营造和谐氛围的一种手段。

作品的多样性和表现出来的创作自由让奥德里奇感到满足，同样，极少接触规则和官僚体制也让他十分高兴。

理想的工作环境

对格雷格来说，他的客户明白他的用心，明白他真诚地想要为他们提供帮助，这点非常重要。不管绿红外向性格的人在哪里工作，只要是致力于为人们打造美好生活，他们就会很开心。像格洛丽亚一样的，绿红性格的人，渴望在有活力、快节奏的环境里发挥创造力，提出新想法。

在收到工作邀约的时候，充分利用表 7-2 中的内容。

表 7-2　绿红外向性格的理想工作环境

请将你目前的工作环境与下面的描述进行对比。勾选与你情况相符的选项。如果这些描述看起来理所当然，这说明你给自己确定的性格色彩是正确的。其他颜色性格的人，特别是金色性格的人，可能觉得这样的环境不舒服或无法保证工作效率。绿红外向性格理想的工作环境如下：

- ❍ 民主平等，不拘礼节。与职位头衔相比，你的想法和贡献更显重要。
- ❍ 鼓励创造与创意。企业认可你的核心能力，而不只是给你打上“崇尚自由”或“离经叛道”的标签。
- ❍ 给你自由，让你按照自己的节奏安排工作。对你控制得越多，你的效率就越低。
- ❍ 有活力，快节奏。新生事物会不断激励你。
- ❍ 鼓励幽默和趣味。一次开心的大笑会让你放松，让你想要做出更多贡献。
- ❍ 非常重视员工和客户的幸福。不尊重人的企业会让你奋起反击，而不是为其高效工作，做出贡献。
- ❍ 更重视起步阶段，而非维持现状。你会找到一些巧妙的方法来回避行政管理的细枝末节。
- ❍ 鼓励合作和信任。背地里的暗算和权利斗争会让你严重消耗精力，无法做好眼前的工作任务。你对这些没有一点耐心。
- ❍ 提供良好的培训与开发机会。自我提升是你毕生的追求。

对于绿红外向性格的人来说，最糟糕的工作环境是过分重视枯燥程序和工作细节的环境。就像格洛丽亚所厌恶的文字工作和会计任务。规章和程序占据主导地位时，绿红性格的人无法忍受，只会奋起反抗。高度政治化的氛围严重阻碍创造自由和互相信任，而这两点都是绿红性格的人发挥最大作用的必要条件。

当绿红外向性格的人处于这种非理想的企业文化中时，其工作效率将很难提高，想要取得事业上的成就变得像攀山越岭一样地艰难。

绿红外性格的理想老板

如果老板与你性格不合，即使工作不错也会让你感到沮丧和挫败；如果老板

很对你的胃口，即使职位一般，你也不愿意辞去。绿金性格与其他类型绿色性格的人特别容易相处。不过，如果是其他颜色性格的老板，只要拥有表 7-3 中的列举的品质，也会成为你的良师益友。

表 7-3　绿红外向性格的理想老板

如果符合，请打钩。你的老板：

- ❍ 灵活变通。
- ❍ 欣赏你的真诚和活力。
- ❍ 有幽默感。
- ❍ 与你建立私人关系。
- ❍ 喜欢头脑风暴，提出新想法，探索新领域。
- ❍ 经常反馈信息。
- ❍ 不会对你管得过细。

对绿红外向性格具有很强吸引力的职业

与格洛丽亚和格雷格一样，你也非常喜欢你的创造能力和多才多艺受到认可。你可能会喜欢与教学和帮助他人有关的职业。除此之外，以下列出的职业也可能适合你。

需要指出的是，也许你对以下所列的职业并非都有兴趣。但你应该知道，其中的每一种职业都在某种程度上让你能够发挥性格优势，而且，它们确实吸引了大批与你同属绿红外向性格的人。这不是一个完备详尽的列表，但足以说明这些职业偏好的深层规律。如果列表以外的某种职业呈现出类似的规律，那么你从事该职业获得成功的概率就会更高。每个部分括号中的内容，标注出了在这个大类中会带来成功的性格特征。

根据我们的研究，我们预测列表中粗体标注的这些职业，在未来几年里会有高于平均水平的大幅增长。这一结论是基于美国劳工部和劳工统计局公布的数据得出的。这些数据公布在两个部门的网站（O*NET OnLine (www.onetonline.org) 和 http://www.bls.gov/CAREER-OUTLOOK/）上，并且不断更新。你可以从中了解到，有关岗位要求和薪酬范围深入全面的信息。

在任何岗位上，任何颜色性格的人都有成功的例子。在并不理想的职位上，你仍然可以打造一片属于自己的天地，发出自己的光芒。

艺术/设计（鼓励原创性和独特性）

艺术总监、**创意总监/多媒体艺术家/动画师**、广告艺术家、桌面出版工作者、设计师（花艺、室内设计、布景、服装）、艺术家、图像设计师、景观建筑师。

商业/宣传/人力资源（具有头脑风暴的能力、建立关系的能力、出色的口头和书面写作能力，是优秀的协调员）

顾问/管理经理、**顾问式销售人员**、**会议/活动策划人**、企业宣传总监、**企业培训师**、**多元化经理**、**招聘面试官**、**人力资源经理/主管/**专员、工业心理师、**保险业务员**、**市场研究分析师**、**市场顾问**、机构发展顾问、**企业新职介绍顾问**、人员招聘专员、慈善顾问、福利机构工作人员、宣传撰稿人、**房地产经纪人**、销售经理、**战略伙伴关系促进专员**。

交流/娱乐/媒体（具有出色的口头和书面写作能力，能从一个炫目的项目转换到下一个项目）

演员、**经纪人/经理**（艺术家、演员）、作家、专栏作家/专栏记者、**编辑**（图书、电影）、**电影制片人**、记者、**文学经纪人**、模特、激励演讲师、剧作家/电影编剧/电视剧编剧、**社交媒体经理**、翻译员、电视主持人/新闻主播、电视制作人。

教育（包括艺术、戏剧、音乐、特殊教育）

成人扫盲专员、**双语教育工作者**、教育顾问/心理师（喜欢持续教学，建立良好的互动关系）、**辅导员/儿童福利顾问**、高中辅导顾问、**指导协调员**、**任何层次的教师**。

保健科学/心理学

另类保健师、**听觉矫治专家**、保护科学家（关系建立、移情共情、同时兼顾很多不同的人)、**膳食专家/营养学家、家庭医生、婚姻和家庭心理治疗师、护士、儿科医生、心理医生/精神病医生**(所有类型)公共保健教育工作者、社会心理学家、**言语病理学家**、治疗师(物理、按摩、语言、职业)。

法律/公众服务(能理解人们的行为动机,具有建立关系、出色地兼顾不同的人和项目的能力)

各类顾问(职业、危机、高中辅导、滥用药物等)、募款人/机构事务律师、人事关系专员、**律师**(知识产权、环境、非盈利)、法律事务调解员、宗教领袖、**校园心理师、社会或社区服务经理**(儿童、家庭、学校)、社会学家、**社会服务人员**。

营销/公共关系(善于产品定位,能够理解人们的行为动机)

广告公司业务代表/经理、广告创意总监、营销专员/顾问、媒体策划人、宣传人员、公共关系总监/专员。

技术(能把技术和交流技能相结合,向员工清楚解释技术含义)

项目经理、内部人员的技术顾问、技术招聘专员、网页开发工程师。

案例分析 4

当职业难以为继时

52 岁时,纽约律师格伦(Glen)几乎实现了自己所有重要的职业目标。作为华尔街一家著名律师事务所的合伙人,格伦受人尊敬、收入颇丰。他接手的都是大案要案,同行都很嫉妒他。但他自己也不知道是什么原因,早晨越来越不想起床。因此,他每周三次去一位治疗师那里接受治疗。他不知道问题出在哪里,但他想知道解决办法。

结果,格伦遭遇了典型的职业疲劳——当工作无法适应人的性格需要时发生的一种身体不适。格伦凭借自己的聪明才智从法学院顺利毕业,满怀理想,认为当一名律师可以改变世界这(对绿红性格的人来说至关重要)。

进入事务所的头几年，他每天工作很长时间，受到同事之间情谊的巨大鼓舞。这是这种性格类型的人一个常见的特征。外向型的绿红性格通过工作中的支持互动来恢复精力。这帮助格伦顺利完成了作为初级律师时遇到的一些棘手案件。他出色的能力让客户感觉受到特殊待遇，对他的服务也十分满意（这是绿红性格的另一种核心能力）。这让他年纪轻轻就成为了合伙人。他变得炙手可热，业务量很大。众多客户口口相传的大力推荐为他带来许多成就事业的大案子。

然而，处于事业顶峰的他，只感到兴趣的减退和持续的疲惫。只需简单了解一下他的性格色彩类型，许多事情就会一目了然。作为一个绿色性格的人，格伦不喜欢对抗，但这恰恰是大多数著名案件的基本特征。与蓝色性格的人一样，不断追求拿下高风险协议的行为，以及必须战胜对手的压力，不但不会给他带来满足，反而让他感到心力交瘁。

格伦选择了辞职。这让家人、朋友和同事感到非常惊讶。他进入一所大学开始攻读心理学博士学位。现在，几年过去了，他再次充满力量，改弦更张，作为治疗师为律师提供心理服务。

你的性格所面临的挑战

绿红外向性格的人对工作存在一些特殊的、潜在的盲点。以下列举的特点有些与你相符，有些不相符。特别关注这些盲点，可以减少它对你的不利影响。而后，采取更有效的做法，并把这些做法变成你的习惯。（下面的括号中列举了一些建议做法。）

你的性格盲点可能包括：

- 太少关注规则，你觉得规则是对创造力的约束和阻碍。（尝试去理解某条规则是为了解决哪些人所担心的问题。记住，真正的创造力是可以变通地依照规则来发挥作用的。）
- 集体讨论时，你的想法会跑题。（你喜欢把所有的事情都放在一起考虑；所以，以任何顺序分析所有的主题都不算跑题。请为你属于其他颜色性格的同事们考虑一下，他们需要线性的思考方式。如果不能以线性方式思考，他们可能会很恼火！)

- 对于批评太过敏感。(因为对你来说人际关系是最重要的事，所以批评让你觉得是在责备你，实则不然。鼓起勇气问问批评你的人，他们是否还喜欢你。他们极有可能会给出肯定的回答。)
- 回避冲突，常常拖延此类问题的处理。(你应该欣然接受这个事实：能够产生结果的冲突，实际上会增进彼此的关系。如果你是一个绿红性格的年轻人，明白这一点会很难。更无畏的心态会让你获益良多，从长远看，也能让关系更密切。)
- 容易对新项目感到兴奋，但无法将老项目善始善终。(大多数项目在完成之前就“变老”了，变成烂尾工程。就先完成原有的项目，或者将其移交他人，这样你就能全身心投入新项目了。)
- 犯事实性的错误。(直觉总是能让你在正确的时间出现在正确的地方；需要根据事实作出决定的时候，你就常常会误入歧途。开始时依靠直觉，然后证明你自己是对的。其他颜色性格的人需要事实证据。如果事实证据有误，他们会否定你的想法。)

你的求职之路——优势和劣势分析

绿红外向性格的人喜欢出风头，引人注目。遇到一些面试官，特别是绿色性格和红色性格的面试官，你会战胜所有的竞争者。但是，面对其他颜色性格的面试官，你需要采取不同的策略。

你的性格优势使你很容易：

- 动用各种不同人群的资源，积极构建自己的人际网络，获得推荐。
- 喜欢探索新机会。
- 热情投入面试。
- 很快建立融洽的关系。
- 说服雇主为你创造一个新职位。
- 给人留下适应性强、学习能力强、团队工作能力强的印象。

为了避免性格盲点造成不利影响，你必须：

- 通过角色扮演，练习如何谈论薪酬和财务问题（找一个愿意帮忙的金色性格或者蓝色性格的人和你练习）。
- 对于潜在雇主，多做些调查研究。
- 面试时，衣着、发型和举止保持低调，减少看起来不够严肃给你造成的负面影响。
- 面试中，少说多问。
- 求职过程中，要求自己每天必须至少联系几家公司。
- 对求职花费的时间，做一个切实可行的规划。
- 收到工作邀约时，不要急于接受。请对方给予几天时间，认真考虑清楚。

绿红外向性格的面试风格

如果面试官的性格色彩与你的相近，你会立刻感觉相处融洽。然而，如果面试官看起来与你的性格相去甚远，请采取下面括号中提出的建议做法。尽力挖掘你的本色能力，争取更多的工作机会。

你的性格会让你：

- 说话时亲切、流畅、富有活力。（你会压到更沉默少话的面试官。试着让自己去匹配面试官的活跃程度。）
- 思维敏捷，反应迅速。（你可能会表现得太活跃。调整一下，回答有些问题时，慢下来，做出沉思的样子。）（如果面试官较为冷静严肃，在这方面请稍微收敛一下。）
- 以活泼生动、画面感很强的个人化的故事和幽默的方式，来说明你的观点。（如果面试官刻意保持距离，请把形象化的描述改为事实性的描述。如果可以，找一位愿意帮忙的金色性格人士和你进行角色扮演的练习。只有在面试官与你有目光交流时，才利用个人化的故事来说明。如果第一次使用幽默效果不佳，不要继续尝试。让面试官来确定谈话基调。）
- 看清宏观大势，并最先展示这一点。（如果你申请的是一个高级职位，这将大有助益。但如果是一个低级职位，这可能会让人反感。任何老板都不希望下属比自己看得还要深远。除非被问及，否则不要主动回答。）

好了，现在，去做些新奇的事情。然后再阅读第 9 章“红色性格概述”。再利用第 24 章“调整自我，适应他人，别做傻事”中的表 24-1，学习如何识别老板和同事。阅读本书最大的价值就是学习如何与其他颜色性格的人打交道，如何欣赏并利用他们的优点。如果你目前正在找工作，阅读第 27 章的职业发展路线图，摘抄一些笔记。这能让你保持专注。

08

绿红内向性格

你不仅是一个绿色性格的人，还具有相当强烈的红色性格辅助特征。经过测试，你是色商内向型（Color Q Introvert），也就是说，你需要独处而非与人相处来恢复精力。这一性格类型的人为人热情、无拘无束，常常感到要被迫遵守实际和严肃的规范。与其他颜色性格的人相比，你的职业变动可能更加频繁。这并不是因为你的性格存在缺陷，而是因为你多才多艺，具有很强的好奇心和灵活性。与其他大多数色彩性格类型相比，你的写作冲动更加强烈，而且，在多数情况下，这也是你工作的一部分。

 绿红内向性格概述

你善于思考、目光敏锐、相信直觉、性格复杂。通常，你不会把自己的观点强加于人。尽管你非常渴望与他人建立相互理解的深厚关系，但更喜欢有少数亲密朋友组成的小圈子。从外表上看，你冷静理智，超然独立。但内心对你爱的人和你的价值观怀有执著深刻的感情。如果这些价值观受到挑战，或是你爱的人受到威胁，你会令人惊讶地一改平时随和的性格，变得强悍、苛刻，甚至表现出攻击性。

你的创造力和特殊贡献获得认可，会给你带来最深的满足感。你不循规蹈矩，同时也欣赏其他不墨守成规的人。

你是一个目光敏锐的观察家，因此，你善于把握身边的宏观环境动态。你乐于助人，这不是出于愧疚，而是发自内心地想要帮助别人。面对生活的挑战，你乐观、灵活、创意无限。虽然例行公事会消耗你的经历，但你的适应力也能让你履行必要的义务。

预测未来的趋势和前路的陷阱是你最出色的天赋之一。你是一个宏观思想家，你能看清所有的事情，同时专注于对人们有重大影响和会产生全局性影响的问题。

对于对抗官僚体制，你乐此不疲。你必须拥有创造的自由，否则你就会变成一名破坏分子。虽然你能灵活变通，工作时也很好相处。但在开放的办公环境里或是个人隐私未获尊重时，你容易感到疲惫和烦躁。

在他人眼中，你目光敏锐，是个很好的倾听者。在人际关系方面，你真诚且不随意评判他人，因此能够与人建立融洽的关系。但你真正强烈的情绪，只会在那些非常了解你的人面前展现。

你最讨厌侵犯他人隐私、控制欲强烈和苛刻挑剔的人。在后半生，你会采取更客观、更合理的态度来对待他人，因此，你能更好地跟这种人打交道。你会运用出色的口才把自己从他们圈子中抽离出来。

案例分析 1

作家、编辑

丹·肖（Dan Shaw）是一位很有天分的作家。他经验极为丰富，且拥有许多权威证书，尤其是在家居设计方面。他为《纽约时报》（*New York Times*）、《住宅与花园》（*House and Garden*）、《喔，在家》（*O at Home*）以及其他许多刊物写作或编辑过文章。他大部分时间都在纽约生活与工作。

现在，他把家安在了新英格兰的一个小镇上。“我在同一个地方工作了20年，”丹说，“现在，我不想去上班了。我想要的生活转变是精神上的转变。”在河畔的一片长满树木的土地上，丹为自己创造了机会。绿红内向性格的人最喜欢在家中工作。

他把许多绿色性格的天赋带到他的工作中。“我善于观察事物，能够从寻常之物中发现不同寻常之处，”他说道，“我对自己的工作充满信心。我还是一名优秀的作家，拥有严肃新闻的从业经历。所以，我的工作标准极高。”绿红性格的人是完美主义者，这对于作家来说是一项优势。

对于绿色性格的人来说，金钱和成功只是众多同等的动机中的两个。当被问及对二者的看法时，丹回答说：“我不介意拥有很多的金钱，不过它对我没有那么大的吸引力。”对自由作家这一职业选择，他说：“在好几家杂志社，我都曾坐到二号人物的位置，但我发现，自己并没有想争第一的雄心壮志。”

现在，丹正在编写两本咖啡馆休闲读物，并希望在一两年内出版这两本书。他在家里办公，每天 5～10 小时。他会进行研究、写作，或是安排一些新奇的、让人兴奋的项目，例如创办一本网络杂志《乡村情报》(*Rural Intelligence*)。这种工作模式，让他发表故事的时候，能够认识新的朋友，同时又保持在家工作的独立性和能力。“写作时，我会沉溺其中——不会去看时钟。”他说。因为是在家工作，有时他会去劈劈柴火或是煲一锅汤。内向性格的他承认：“这就是在家工作的好处。”

你的工作状态

作为团队领导

“顽强的和谐建设者”充分概括了绿红内向性格之人的领导风格。为了实现你认为重要的目标，特别是为了善待同事与员工，你会坚持不懈、不屈不挠地工作。在领导岗位上的你常被描述为：坚守道德，乐于助人，善于激励，鼓励他人时很有创意，善解人意，富有耐心。你善于观察他人，知道如何激励他人，并能借此挖掘他们最大的潜能。

你鼓励坦诚与开放，能够给予积极的反馈，不吝惜时间和资源，耐心处理程序问题。同时，能够建立起和谐融洽的工作环境，与员工和同事建立私人关系，确保获得他们的支持。你的团队极为忠诚，因为你以鼓励的方式，而非命令的方式处理团队事务。

作为团队成员

你能够听懂别人所说的真实含义，所以，你对团队成员有着深刻而准确的认识。你的热情和接纳让他们感到轻松。

你有帮助团队制定共同目标的天赋，能够让大家团结一致。让合适的人负责合适的任务是你的另一个强项；虽然你并非领导，但是常常会建议应当由谁来做哪些工作。

你的前瞻性思维和启发性建议常常能让大家获得灵感。你帮助大家摆脱创新困境，常获得团队的普遍赞誉。

但你可能会因为坚持己见，一意孤行而招致团队其他成员的不满。

请参考表 8-1，了解你与工作有关的性格优势。

表 8-1　与工作有关的性格优势

下面列举的特征约有 80%与你的情况相符。将符合的项目勾选出来，并将它们运用到你的求职简历和面试实践中。你的独特表现将会让你从其他人古板僵化的回答中脱颖而出。你：

- ❍ 喜欢探索新的可能，以独创的方式解决问题。
- ❍ 支持他人的发展。
- ❍ 了解内心情感对工作效率的影响。
- ❍ 洞察事务的本质。
- ❍ 能够专注地独立工作很长时间。

现在，我们一起看看一些绿红内向性格的人是如何在不同领域发挥性格优势的。

案例分析 2

商务会议策划师

在华尔街就职的人中，有 5%的人属于绿色性格，安妮·塞耶（Anne Thayer）就是其中之一。她在关系促进类金融会议领域闯出了自己的一片天地。这份职业似乎与她艺术性、内向的性格特点南辕北辙，但是安妮很喜欢策划过程中的创意部分。她编写会议方案，联系主讲人，并制作会议宣传册。会议期间，她还会在主持台上施展她的表演天赋。

每天，安妮要拨打 50 多个陌生拜访电话。这对她的内向性格来说无疑是个挑战。好在她拥有一间独立的办公室。当她需要休息时，她会关上门，练习藏地五式瑜伽（Five Tibetan Rites of Yoga），快速恢复活力。之后，她会喝一碗简单的豆子汤。这样，她就又能精神抖擞地投入工作了。同事们都很喜欢她的温暖热情和善解人意，会在此时请致电找她的人稍等，以免打扰她的情绪。

大学时期，安妮学的是戏剧专业。后来为了赚取学费，她进入流行文化活动组织行业。她发现，与登台表演相比，自己更擅长幕后工作，而且获得的报酬也更高。于是，她的会议策划事业蒸蒸日上地发展起来了。

会议策划让安妮有机会发挥自己在建立关系和文字写作方面的特长，并获得丰厚的回报。但为了工作，她必须掌握财务知识，这对她来说颇为棘手。绿色性格的人很少选择金融财务类的职业。

但会议策划涉及三个非常适合绿色性格的方面——建立关系、写作和展示行业领先的理念。安妮喜欢看到人们热情投入地谈论本行业的话题。自己的工作促成了数百万美元的交易达成，这让她感到无比自豪。

同时，她也非常喜欢编写方案和活动宣传册。许多绿红内向性格的人都会在人生的某个时刻开始写作。安妮很幸运，写作时她工作的一部分。她很享受站在台上主持自己策划的会议。

然而，拨打陌生拜访电话，没完没了的构建关系网络，以及会议后的社交活动，都让她身心疲惫。如果本应用于调整休息的周末被迫加班工作，那么，她的免疫系统就会受到影响，患上感冒。不过，只要她有足够的独处时间，她就能享受这份工作。

理想的工作环境

如果工作没有轰炸式地对其提出各种要求，绿红内向性格的人就能呈现最佳状态。他们是绝佳的远程办公一族。他们需要思考的时间，以及如丹・肖一样掌握家中的办公环境。

在收到工作邀约的时候，充分利用表 8-2 中的内容。

表 8-2　绿红内向性格的理想工作环境

请将你目前的工作环境与下面的描述进行对比。如果这些描述看起来理所当然，这说明你给自己确定的性格色彩是正确的。其他颜色性格的人，特别是金色性格的人，可能觉得这样的环境不舒服或无法保证工作效率。绿红内向性格理想的工作环境：

- 民主平等，不拘礼节。在规则、枯燥的文字工作和监管被控制到最低限度的情况下，你的能力将得到最大程度的展现。等级和地位随时都有可能变化。
- 人们互相支持，和谐相处。鼓励合作和信任。背后暗算、对立对抗和恶意诽谤让你生厌，无法专心做好眼前的工作。
- 鼓励创新和创意。
- 重视员工和客户的个人需求。你寻找的雇主应支持工作与生活的平衡，并追求高水平的客户服务。
- 企业价值观与个人价值观一致。如果企业文化与你的价值观冲突，你会很快离开。
- 允许你拥有私人空间。你是一个性格内向的人，即使拥有高超的人际交往能力，与人相处也会耗费你的精力。在私人独立的空间里，你的思维最敏捷、表现最出色、精力恢复得也最快。如果可能的话，应该坚持将此条作为入职的条件之一。

符合以上所有条件的工作环境将是你事业发展的沃土。

对于绿红内向性格的人来说，最糟糕的工作环境是过分重视枯燥程序和工作细节的环境。高度政治化的氛围和权力斗争严重阻碍创造自由和互相信任，而这两点都是绿红性格的人发展提高的必要条件。

当绿红内向性格的人处于这种非理想的企业文化中时，其工作效率将很难提高，想要取得事业上的成就变得像攀山越岭一样艰难。

绿红内向性格的理想老板

如果老板与你性格不合，即使工作不错也会让你感到沮丧和挫败；如果老板很对你的胃口，即使职位一般，你也不愿意辞去。绿金性格与其他类型绿色性格的人特别容易相处。不过，如果是其他颜色性格的老板，只要拥有表 8-3 中的列举的品质，也会成为你的良师益友。

表 8-3 绿红内向性格的理想老板

如果符合，请打钩。你的老板：

- ❍ 灵活变通。
- ❍ 不会对你管得过细。
- ❍ 特别关心你和你的发展。
- ❍ 保护你免受职场阴谋和政治斗争的伤害。
- ❍ 重视创新。
- ❍ 品德高尚。

对绿红内向性格具有很强吸引力的职业

像安妮一样，最吸引你的职业，是认可你在写作、视觉和表演方面的创造力，或是支持你帮助别人成长和发展的志向的职业。绿红内向性格的人需要和对他表现出个人兴趣，并且明确表示欣赏他的人一起工作。独自工作或是在一个小规模的团队里工作时，尤其当他们的工作重点是解决问题，改善他人的生活时，他们的工作效率是最高的。氛围最好要是随意且不拘礼节的，就像丹的家庭办公室。通常，绿红内向性格的人会多次变换职业，直到最后，他们找到自己的信仰所在。

需要指出的是，也许你对以下所列的职业并非都有兴趣。但你应该知道，其中的每一种职业都在某种程度上让你能够发挥性格优势，而且，它们确实吸引了大批与你同属绿红内向性格的人。这不是一个完备详尽的列表，但足以说明这些职业偏好的深层规律。如果列表以外的某种职业呈现出类似的规律，那么你从事该职业获得成功的概率就会更高。每个部分括号中的内容，标注出了在这个大类中会带来成功的性格特征。

根据我们的研究，我们预测列表中粗体标注的这些职业，在未来几年里会有高于平均水平的大幅增长。这一结论是基于美国劳工部和劳工统计局公布的数据得出的。这些数据公布在两个部门的网站：O*NET OnLine (www.onetonline.org)和 http://www.bls.gov/CAREER-OUTLOOK/上，并且不断更新。你可以从中了解到有关岗位要求和薪酬范围深入全面的信息。

在任何岗位上，任何颜色性格的人都有成功的例子。在并不理想的职位上，你仍然可以打造一片属于自己的天地，发出自己的光芒。

艺术/设计

艺术总监、设计师（室内设计、时尚）、艺术家、图像设计师、**景观建筑师**、多媒体动画师/艺术家、音乐家、布景/展览设计师、**视频游戏设计师**、**网站艺术总监**（能够发挥原创性和独特性，喜欢独自工作或是在小规模的团队里工作）。

商业/营销/人力资源

广告和促销经历、**人力资源主管/专员**、工业/组织心理学家、**人事关系专员**、会议/活动策划人、公共关系专员、团队建设/冲突解决培训师、培训与开发专员/经理（具有良好的倾听能力，理解人类的行为动机，善于关系建设，具备出色的写作能力）。

交流/娱乐/媒体（与媒体打交道，经常独自工作，重视语言能力、创造能力和写作能力）

演员和表演者、**广告从业者**、作家、专栏作家、博物馆馆长、编辑、电影编剧/制片人、文学经纪人、摄影师、**制作人/导演**、翻译员、所有类型的写作者（自传、记者、小说家、剧作家、诗人、电影编剧）。

教育（享受终身学习，帮助他人发挥潜能）

成人扫盲专员、双语教育工作者、大学教授（人文、艺术）、教育顾问、辅导顾问、指导协调员、图书馆员、**线上教育工作者**、**校园心理师**、**教师**（任何层次，包括艺术、戏剧、外语、音乐、特殊教育）。

保健科学/心理学

听觉矫治专家、皮肤科医生、膳食专家/营养学家、家庭医生、遗传学家、整体保健、家庭保健助理、**所有类型的心理医生/精神病医生**、**私人教练**、**言语病理学家**、**治疗师**（艺术/职业、行为异常、按摩、身体伤害和药物滥用）、**兽医/兽医技术员**（善解人意，是优秀的倾听者，善于观察他人）。

法律/公众服务/科学（信仰坚定，能凭直觉理解人类的行为动机，关系建设、探索/分析人类文化）

人类学家、**律师**（环境、知识产权、非盈利）、法律事务调解员、慈善顾问、宗教领袖/推广教育者/从业者、**社会服务人员**。

数字化/高科技（善于把技术人员和内部员工、顾客联系在一起）

客户关系经理、**人力资源招聘专员**、**社交媒体经理**、内部员工的技术顾问。

案例分析 3

当职业难以为继时

金融交易系统因其“兄弟会”文化而臭名昭著。成功人士喜欢那种肾上腺素狂飙，瞬间决定数百万美元交易的快感。交易期间，他们尖声大叫，互相叫骂，有时还会在房间里抛掷食物。大部分时候，同事们也都不会在意。过后，他们全都会三五成群地出去喝上几杯酒，将所有的恩怨抛诸脑后。

菲丽斯·罗森（Phyllis Rosen）就是其中一员。乘着女权运动的东风，她在华尔街一家规模庞大的股票经纪公司找到了一个交易柜台的美差。因为，公司迫于压力，要提拔女性进入管理层。

“交易柜台就是一切的中心，”菲丽斯说，“世界上任何一个角落的风吹草动都会马上引起华尔街的反应。我变成了一个对信息上瘾的人。”她也对肾上腺素上了瘾。她的红色性格喜欢这样的快节奏和成功交易带来的快感。

这种快感是以牺牲她的绿色性格品质为代价的。绿色性格的人很少在华尔街工作，因为这个舞台崇尚冒险，几乎无视情感因素。她的男性同事是她最大的压力来源。“那时候，他们非常粗暴地对待对方。只要发现谁有弱点，他们就会毫不留情地攻击谁。”菲丽斯说。

交易不会永远一帆风顺。当自己给客户带来经济损失时，菲丽斯会感到巨大的压力。一段时间以后，压力越积越多，超过了肾上腺素狂飙带来的快感。下一步该怎么办，她不得不做出艰难的选择。在华尔街摸爬滚打了二十年之后，她在纽约市成为一名职业顾问。尽管为了不断满足客户的需要，她仍然承受着压力，但她说：“现在这份工作让我振奋，我感到自己发挥了作用。我很擅长做这一行，而且，这也满足了我对他人和他人如何决策的好奇心。”

你的性格所面临的挑战

绿红内向性格的人对工作存在一些特殊的，潜在的盲点。以下列举的特点有些与你相符，有些不相符。特别关注这些盲点，可以减少它对你的不利影响。而后，采取更有效的做法，并把这些做法变成你的习惯。（下面的括号中列举了一些建议做法。）

你的性格盲点可能包括：

- 过于理想化，而忽视最终结果。（让理想变为现实可能要付出巨大的代价。请向金色和蓝色性格的人咨询过程与成本方面的问题。）
- 不要发表了足够多的意见，却显得漠不关心。（很少人明白倾听需要耗费多少心力，但你认真去倾听。然而，你的专注却给人冷漠疏远的印象。应该时不时地插话做些评价，让别人知道你在倾听——幽默的玩笑也能达到效果。）
- 不要按主次安排好了事情，却显得混乱无序。（每一天，你只有一件最重要的事：踏踏实实地坐下来，按重要程度安排好今天的日程。你能做得到的，对吧？）

- 觉得自己的观点优于他人。（他人可能更善于妥协或者更加务实，但是你的理想是纯粹的理想。一旦你认识到其他颜色性格的人的优势，你的这一特点就会有所改变。）
- 因为你是个完美主义者，所以你可能会无法按时完成任务。（完美也包括在最后期限前完成任务。你的老板也是这样想的。所以，请把关乎职业发展的最后期限置于相对来说不那么重要的细枝末节之前。）
- 会因过于保守而无法发挥作用。（发表意见是越谨慎，你的见解的价值就会越大。给自己积极强化的机会。）

你的求职之路——优势和劣势分析

绿红内向性格的人需要对信息进行分析加工。面对某些面试官时，特别是绿色和红色性格的面试官，你会立刻感到融洽合拍。但如果是其他颜色性格的面试官，你需要注意回答的策略性。

你的性格优势使你很容易：

- 对全新的领域和不同寻常的机遇感到兴奋。
- 创造性地进行头脑风暴。
- 给人留下适应性强、责任心强、团队工作能力强、学习能力强的印象。
- 通过潜心研究和深刻反省，你会制定一份求职的总体规划。

为了避免性格盲点造成不利影响，你必须：

- 多交一些朋友，多经营人脉关系，尽管这会让你觉得虚伪。
- 坚定自己的目标，不要一时兴起就改变方向。
- 通过角色扮演练习薪酬谈判（找一个愿意帮忙的金色或红色性格的人和你一起练习），调查了解某份工作的薪酬范围（可以向愿意帮助你的金色性格人士求助）。
- 尽量多说话，充分展示你的个人成就。
- 不要提及你还没有做过成本研究的想法。

绿红内向性格的面试风格

如果面试官的性格色彩与你的相近，你会马上感到气氛融洽。但如果面试官看起来与你的性格相去甚远，请采取下面括号中提出的建议做法。

你的性格会让你：

- 安静沉稳。（这会显得毫无兴趣——大部分面试官期待看到面试者流露出一点点紧张。所以，确保你比平时讲更多的话，尤其是在面试刚开始的时候。）
- 认真倾听。（这一点会给很多面试官留下良好印象。但你可能因此错过展示自己成就的机会。找一个愿意帮忙的红色性格的人进行角色扮演，练习一下。）
- 只向少数人表达自己的价值观和感受。（你可能会对一个让你感觉轻松的绿色性格面试官敞开心扉。如果是其他性格类型的面试官，充分准备好自我介绍的内容，会让你看起来充满自信。）
- 语言比较宏观，且多用比喻。（如果面试官看起来充满怀疑或是困惑，请直接念一段简历里的内容。）
- 介绍你自己的信息和安排时，表示仅是暂时的，且是可以调整的。（但是，不要对你合适可以到岗工作含糊其辞，让面试官知道一个准确的日期。）
- 看清宏观大势，并往往最先展示这一点。（如果你申请的是一个高级职位，这将大有助益。但如果是一个低级职位，这可能会让人反感。任何老板都不希望下属比自己看得还要深远。除非被问及，否则不要主动回答。）

好了，现在做点有趣又不复杂的事吧。过后再阅读一下第 9 章“红色性格概述”，以及第 24 章“调整自我，适应他人，别做傻事”，这能帮助你判断不同颜色的性格类型，并综合利用他们的性格优势；你只需要知道如何识别他们以及如何说服他们来帮助你。如果你正在努力寻找工作，阅读第 27 章的职业发展路线图，摘抄些笔记。记录你的优势和策略，这对你的求职具有支持和鼓励的作用。

第 3 部分

红色性格：行动至上

红色性格的人在充满多样性、丰富变化的领域最能施展才能。他们热情拥抱机会，迎接危机挑战。

09

红色性格概述

全球人口的约 27%为红色性格。如果你不是红色性格，但希望了解如何识别红色性格的人，以及如何与他们打交道，请看表 9-1。

表 9-1　如何识别红色性格的人

- 对外部世界充满兴趣：如体育运动、工具、建筑、各种机动车辆。
- 语言风格具体实在。
- 举止随意。
- 永远停不下来。
- 冲动率真。
- 经常迟到。
- 极具幽默感。
- 喜欢刺激和冒险，比起交谈，更喜欢行动。
- 了解美食和美酒。

如何与红色性格的人相处：

- 学会激励。
- 减少正式会议，或在有趣的地方和他们会面。
- 陈述尽量简洁；多用动作动词，例如“攻击”“挑战”“刺激”和“享受”等。
- 运用围观演示、实际操作的方法。
- 避免理论化的长篇大论。直奔主题，专注此时此地的具体讨论。
- 交流谈话和制订计划时，要灵活多变，不做限制。
- 强调解决问题的紧迫性，这将有助于着眼“马上”和“今天”。
- 认可并欣赏他们平息危机的能力。
- 允许他们追随直觉，并给予他们足够的自由。
- 让工作充满乐趣，他们就会积极响应。
- 承认“时机”非常重要。
- 做好准备，他们常做出“初生牛犊不怕虎”的决定。

红色性格的人是全宇宙最喜欢冒险也最有趣的人群。在美国，最著名的红色性格人物大概要数总统唐纳德·特朗普（Donald Trump）。许多红色性格的人担任过美国总统，如乔治·布什（George W. Bush）、比尔·克林顿（Bill Clinton）、林登·约翰逊（Lyndon Johnson）、约翰·肯尼迪（John E. Kennedy）、罗纳德·里根（Ronald Reagan）和富兰克林·罗斯福（Franklin D. Roosevelt）。特朗普是他们的继任者。当选前，特朗普是一位善于自我推销，张扬高调的地产大亨。人们常常就称呼他为“老唐”。他拥有自己的真人秀电视节目《学徒》（*The Apprentice*，又名《飞黄腾达》）。《学徒》于2004年开播，特朗普担任主持。（虽然特朗普没有接受过色商测试，但他的性格类型已经由迈尔斯—布雷格斯学会认定了。）

“商业交易对我来说是种艺术，”在他1988年出版的畅销书《特朗普：交易的艺术》中，特朗普如是说，“别人是在画布上描绘美丽的图画，或在纸张上谱写精彩的诗歌。而我喜欢交易，特别是大型交易，这就是我的乐趣所在。”乐趣是红色性格的人主要的行为动机之一。他们每天24小时都在全宇宙不停搜寻下一个让他们兴奋的事物。“对我来说，金钱从来就不是一个强大的动力，它只是一种计分的方法，”特朗普的书中还这样写道，“真正令人激动的是游戏本身。”2016年，特朗普用一种典型的红色性格，以当下为中心的方式进行他的总统竞选。由于红色性格的人通常无法像一个富有远见、思想超前的思想家那样行事，因此，特朗普常常因为提出的政治纲领缺乏细节支持而受到非议。他们更喜欢，也更擅长的是危机管理和效果立竿见影的活动。

红色性格的人关注任务和挑战的实际效果。如果违反规则是从 A 点到 B 点最快的方式，那么，红色性格的人会温和地（或者不那么温和地）打破规则，无视程序。《时代》杂志称总统候选人特朗普是一个“快乐的破坏者”，他“打破了所有常规”，被他极有吸引力的演讲气势和独特的领导魅力所征服，“一个本该誓要维护保守价值观的政党，选出了一个激进的总统。他承诺要撕毁协议，改变法条，监禁对手，状告批评者。”军事上，特朗普缺乏经验，算是新手。但是，竞选期间他宣称自己比美国的将军们更了解恐怖组织伊斯兰国（Islamic State），因为自己少年时在纽约军事学院（New York Military Academy）受过 5 年相关训练。这种未经深思熟虑就脱口而出的行为，是典型的红色外向性格特征。

特朗普毕业于沃顿商学院（Wharton Business School），并很快进入其父的地产公司工作。这份工作让他可以走出办公室，进行实地考察，运用他红色性格天生的解决问题能力，进行实际操作。但他高超的红色性格谈判能力更占上风，他经手的地产交易很快帮他确定了职业道路。依靠父亲借给他的 100 万美元起家，如今，特朗普自称是个亿万富翁。虽然并没有公开的证据来衡量他真正的净资产。红色性格的人比其他任何颜色性格的人更追求生活感官乐趣，例如美食和美酒。特朗普的富有让他能够享受到这世界所能提供的最好的每一样东西，而这也吸引了大量关注。《时代》杂志报道称，这个有过三段婚姻的花花公子在视频里大谈自己和女性的关系。这一事件，加上其他的性丑闻指控，令特朗普的总统竞选遭遇困境。然而，这些丑闻实际上也有可能为他吸引到额外的支持者。“毫无疑问，许多特朗普的支持者看着印有特朗普名字的摩天大楼、喷气式飞机和直升机，想着能够做到这些的人一定什么事都能做到。”单从性格类型来看，特朗普的政府很有可能会有以下特征：突然改变政策，外交政策谈判态度强硬，不重视长期规划，并且有出色的危机管理能力。

这些红色性格特征也体现在克里斯汀·托德·惠特曼（Christine Todd Whitman）（或称呼她 Christie）身上。她是前新泽西州州长，现在是一位管理顾问。克里斯蒂出生在一个政治氛围浓厚的家庭，几乎注定了她会在政治上取得令人瞩目的成就。但她的红色性格发挥了巨大作用。这些特质让她在短短十年间，由 1982 年还是一个不知名小县的政府成员，一跃成为新泽西州的州长。

克里斯蒂的父亲韦伯斯特·托德（Webster B. Todd）是一名建筑承包商。他的家族企业曾建造过纽约的洛克菲勒中心（Rockefeller Center），修复过弗吉尼亚的威廉斯堡（Williamsburg）。50 岁时，他从建筑行业退休，开始从事自己真正喜欢的事业：共和党政治活动。他的妻子埃莉诺（Eleanor）与他一起以公职身份参加了 1940—1976 年的每一次共和党全国大会。克里斯蒂拥有许多值得夸耀的经历，很少孩子能有这样的童年：6 岁时，她向理查德·尼克松（Richard Nixon）的夫人，帕特丽夏（Patricia）呈送了洋娃娃，请她转交给她的两个女儿朱莉和特里西亚；9 岁时，她参加了人生第一次全国大会，并向德怀特·艾森豪威尔（Dwight Eisenhower）呈送了一个她亲手制作的皮制口袋，用来装艾森豪威尔的高尔夫球。

1990 年，克里斯蒂做了一个决定，性格上不敢冒险的人会认为这个决定愚蠢至极。她闯进公众的事业，向现任参议员比尔·布拉德利（Bill Bradley）发出挑战，决定参加竞选。布拉德利是全美罗德学者（All-American Rhodes scholar），是纽约尼克斯队的前明星前锋，还是一位强大的资金筹募人。她所属的共和党中就有很多人不支持她，认为她必输无疑。这次竞选，布拉德利投入了 1 200 万美元，她投入了 100 万美元。克里斯蒂落选了，但仅仅输掉了 3 个百分点。她的豪赌起了效果，人们开始关注她。“我知道胜算不大，”如今，克里斯蒂这样说，“但我认为这是能让整个州认识我的机会。”她的目的达到了。这是红色性格典型的做法，感于冒精心计算过的风险。

红色性格的人重视友谊。为了让自己在三年后成为一名实力强劲的州长候选人，克里斯蒂主持了谈话节目，创办了一份简报，组建了一个政治行动会，带头实施社区领导计划（Neighborhood Leadership Initiative），该计划旨在发现和培养草根阶层领导者。但让她获得最广泛关注的是一次扩大化的巴士巡回宣传活动。该活动的目的是让她能够尽可能多地与新泽西州的公众面对面交流。在 1993 年的州长竞选中，她以 1%的优势击败了对手、时任州长的吉姆·弗洛里奥（Jim Florio）。

红色性格的人体力和脑力都很旺盛，竞争意识也特别强。据说，在她的任期内，那些负责跟随、保护她的新泽西州骑警的身体状态比以往任何时期都更好。她把一周中的几天设定为公众街头访问日（road days）。她会走上大街与全州的民众交谈。政治没有影响她对动物的喜爱。身为州长，她可以在寒冷的隆冬时节加入公园管理员队伍，观察刚出生的熊宝宝，并在它们的耳朵上安上标签。管理员给熊妈妈打了镇静剂以后，克里斯蒂将熊宝宝包在自己的夹克里爱抚。

红色性格的人胆识过人，不惧争议。这是从政的一大优势。

他们的管理风格轻松自然、亲切和蔼、实事求是、灵活多变。红色性格的人善于应变，率直冲动，并具有理解他人，劝服他人的能力。在红色性格人士最满意的行业排行榜上，政治名列前茅。与其他任何颜色性格的人相比，红色性格的人更喜欢冒险，更善于在混乱的环境里获得成功，他们介入其中，并带来秩序和专注。像商界的红色性格人士一样，克里斯蒂的领导风格是贴近基层，鼓励个人负责，追求立竿见影的效果，注重个人目标。她为人随和，行动至上，善于合作，把危机当做有趣的挑战而非困难。

如今，克里斯蒂·托德·惠特曼并没有从公众的视线里消失。她管理着惠特曼战略集团。集团的主营业务是环境管理顾问和战略规划，在新泽西和华盛顿都设有办事机构。

克里斯蒂·托德·惠特曼充分体现了红色性格的典型特征——一个超现实主义者，崇尚“立刻行动”“面对挑战，我能”“宽容相待”。凭借无所畏惧的精神和比其他任何颜色性格的人都更善于处理危机的能力，他将获得成功。

红色性格的人不擅长理论和抽象的概念，更喜欢关注当下的现实问题。他们的世界观建立在他们能够看到、摸到、尝到、闻到和听到的客观事实上。红色性格的人喜欢自由和独立，讨厌被工作或关系束缚。愧疚、义务和职责很少能够激励他们。他们对朋友和家人忠诚，但是讨厌被非自愿的安排和程序约束。对行动力的追求驱使他们尝试新的体验、冒险、活动或食物。他们工作挣钱是为了消费，而不是为了储蓄或是投资。“玩坏最多玩具，而后死去的人，才是人生赢家。”这句俗语是红色性格心态的真实写照。

政坛中另一位著名的红色性格人士是温斯顿·丘吉尔（Winston Churchill）。保罗·盖蒂（J. Paul Getty）是商界的红色性格代表。迈克尔·乔丹（Michael Jordan）

是红色性格在体育界的典范。广告界的阿梅莉亚·埃尔哈特（Amelia Earhart）、军事界的乔治·巴顿（George Patton）、娱乐界的贾斯汀·比伯（Justin Bieber）、莱昂纳多·迪卡普里奥（Leonardo DiCaprio）、斯嘉丽·约翰逊（Scarlett Johansson）、妮可·基德曼（Nicole Kidman）、阿什顿·库彻(Ashton Kutcher)、詹妮弗·劳伦斯（Jennifer Lawrence）、Lady Gaga、麦当娜（Madonna）、凯蒂·派瑞（Katy Perry）、芭芭拉·史翠珊（Barbra Streisand）都是红色性格人士。

本章将帮助你判断，你自测的主要性格颜色是否准确无误。也会帮助你识别你身边的红色性格人士，第 24 章“调整自我，适应他人，别做傻事”中的表 24-1 也能起到这样的作用。

如果在本书开始部分的自我评估中，你判定自己是红色性格，那么，祝贺你，你是整个已知宇宙里最有趣的人之一。你可能没有耐心读一本这样的书，更喜欢实实在在的东西，对抽象分析不感兴趣。但是，如果你想要更深入地了解自己，或者你想要给一个非常喜欢这本书的人留下好印象，那么，你就必须阅读本书。先翻到与你的色彩性格对应的章节吧。我们知道你一定会略读。只是，一定要认真阅读与你最满意的职业有关的那个部分，否则，你就错过了最有实用价值的部分了。

10

红蓝外向性格

你不仅是一个红色性格的人，还具有相当强烈的蓝色性格辅助特征。经过测试，你是色商外向型，也就是说，你需要通过与他人相处来重振精神，而不是通过独处来恢复精力。你很有可能没有耐心阅读本书，只是为了取悦某人才勉强阅读。你富有同情心、能言善辩、忠诚可靠，你对预测未来趋势很有天赋。所以，我们会尽量让书的内容切实有用，否则你就会走神。

 红蓝外向性格概述

精力充沛、富有幽默感和乐观向上是红蓝外向性格的典型特征。你善于处理危机与变化，追求意外之喜。你积极而又独立，在小型的社团式团队里表现最佳；在这种团队里，大家更关注如何完成任务而非职位等级。你喜欢多样变化，行事喜欢打破他人遵守的常规。

你求真务实，只相信自己亲身观察的事实。拥有特别敏锐强烈的视觉记忆，你特别擅长回忆细节。你注重事实，但也喜欢幽默的奇闻异事。

你的交流方式坦率而直接，你觉得这样更有效率。但是，别人可能会不喜欢你的风格，这让你感到困惑。虽然，你能够高度专注于当前的工作，但你无法长

时间保持注意力集中。

你不愿在压力之下做决定，喜欢尽量长时间地考量所有选项。然而，一旦你准备好，就快如闪电地做出决定。

你非常擅长判断问题，并迅速采取措施解决问题。你最相信自己的直觉，最轻视官僚体系，而且常常绕开规则和程序。你善于解决当务之急，但很难集中精力应对长期挑战。

在人们眼中，你是天才的谈判专家，总能做出合理却艰难的决定。你对大多数人都能够宽容适应。但你反感喜欢发号施令的人。他们总是坚持“用正确的方式做事”，或者容易因为情绪影响问题的解决。

在后半生，红蓝外向性格的人仍会继续寻求新的挑战，但会放慢步伐，用在两件事之间的空当更多地反省自己。

案例分析 1

投资顾问公司首席执行官、作家

彼得·塔诺斯（Peter Tanous）不是你通常认识的那种 CEO，他有足够的幽默感来证明这一点。他喜欢开玩笑说：“经济学家就是性格太差，没法做会计的人”。他能说这样的话是因为他的著作《投资大师》（*Investment Gurus*）和《财富方程》（*Wealth Equation*）都大获成功，成为金融读书会（Money Book Club）首选作品，并受到评论家的广泛好评。

直到 54 岁时，他才在华盛顿创办了自己的投资顾问公司——林克斯投资顾问公司（Lynx Investment Advisory, LLC）。他的优势在于，他拥有智慧、经验和人脉，这将大有助益。他能应对旧时商学院对创办企业提出的规范法则。他说：“把成本翻倍，把收入减半，看看这是否还可行。因为这种情况极有可能发生。正如我认识的一个人所说的那样，我从没遇到过我不喜欢的项目，因为它们看起来都很好！”

他准备提升公司业绩，但他发现传统的做法（没完没了地拨打商务电话），并不是最高效的方法。“我发现，如果集中发展那些成功率较高的客户……包括你认识的人或你有特权访问渠道的机构，效果会更好，”他说，“其他任何尝试都将是艰苦卓绝的战斗。”红蓝外向性格的人特别善于激励他人，这对他的成功起到了关键作用。如今，彼得的公司为超过10亿美元的资产提供投资建议。

“我了解市场，”他说，“我是个非常优秀的推销员，而且极其乐观，这非常重要。”他的红色性格品质让他对风云变幻的金融市场和多种多样的客户需求充满热情，在接触国际客户时尤其如此。他说：“我喜欢根据他们生活和工作的政治环境，来分析处理他们的投资需求。”

他最大的动力是什么呢？彼得是这样说的：“我喜欢让客户快乐。我喜欢通过让他们相信我们提供的服务物有所值，从而把他们变成我的新客户。”他让同事负责的工作包括“大部分的行政、管理和法务工作，还有单纯的研究工作。”

彼得最突出的三大优势也是红蓝性格的突出特征。他认为三大优势是热情、理解他人的真正意图（而不是他们说的话）和富有智慧而非表面聪明。

她是母校乔治敦大学投资委员会的委员，同时也是该校图书馆的董事。此外，他还担任黎巴嫩美国大学（Lebanese American University）的董事，通用职业有限公司（General Employment Enterprises, Inc.）和关爱世界有限责任公司（Worldcare, Ltd.）的董事。“我非常喜欢在这些岗位上工作，去帮助客户达成我们为他们设定的管理目标。”他说。

你的工作状态

作为团队领导

“直率、公正、果断”是你的特点。善于协作，劝服有力，你还有“深入第一线”的管理风格。你会以你的幽默消减工作压力，让你的员工保持工作效率。

你对问题和结果都持实事求是的态度。为了推动谈判继续进行，你愿意妥协。在你的领导下，项目进展得很快，但你也很重视最终的效果。

作为团队成员

对他人和工作挑战，你均保持务实的态度。你把想法付诸实践，并善于说服他人加入其中。虽然你看起来玩世不恭，但其实深谙获取资源，完成任务之道。

请参考表 10-1，明确你性格的工作优势。

表 10-1　与工作有关的性格优势

下面列举的特征约有 80%与你的情况相符。将符合的项目勾选出来，并将它们运用到你的求职简历和面试实践中。你的独特表现将会让你从其他人古板僵化的回答中脱颖而出。你：

- ❍ 能将活力和热情带到项目之中。
- ❍ 能和各种各样的人一起工作。
- ❍ 很好相处，对人宽容。
- ❍ 独立自主。
- ❍ 谈判和销售的效率极高。
- ❍ 会观察和记忆事实信息。
- ❍ 能快速分析问题，并确定最合理的行动方案。
- ❍ 面对危机和压力，能迅速做出反应。

案例分析 2

职业培训师/企业家

红色性格的人都是詹姆斯·邦德（James Bond），都喜欢冒险，但是以许多不同的形式。劳拉·希尔（Laura Hill）可不是间谍，但她的职业生涯充满了冒险、紧急状况和危机。她是职业不停转有限责任公司（Career in Motion LLC）的负责人。这是一家致力于职业培训的公司，通过战略性的职业规划、更高效的职位搜索，以及打造自己的个人品牌，帮助人们找到回报更加丰厚的事业。

她红色性格为主的特征让她能够享受编写简历的过程。“简历是非常实在的东西；会得到一个完整的产品。”她如是说。红色性格的人通常不适应大部分概念化的、以服务为中心的工作，因为这样的工作缺乏完整实在的产品，但劳拉觉得这份工作满足了她的需要。

劳拉的蓝色辅助性格为她的分析能力提供了策略性的平衡和发挥途径。“我会让客户认真考虑他们的长期职业发展，而不是只关注下一份工作，并为实现他们的目标制订行动计划。”

“我的工作最让人着迷的原因之一就是帮助客户针对收到的工作邀约进行谈判。这总会让人有很强烈的紧迫感；就像某种危机。”红色性格喜欢肾上腺素飙升的快感，也会因此取得成功。红蓝性格的人特别善于薪酬谈判，而且能够无所畏惧地讨论补偿事项。

和大多数红色性格的人一样，组织能力（金色性格的优势）对劳拉来说是个短板。“我最不想做的工作之一就是清理我的桌面，归档我的文件。”她说道。尽管她不像绿色性格的人那样擅长识人并真诚地理解别人的情感，但她也很喜欢和各种各样的人打交道，并在过程中把握持续学习的机会。

红色性格的分享权力的特性抵消了这一缺陷。“我善于建立人际关系网，而且能够很轻松地与客户建立融洽的关系。我也会把一些实际的常识知识添加到他们的思考过程里去。”劳拉说道。由于她的外向性格，她总是会被那些以与人互动为主要内容的工作所吸引。在创办职业不停转之前，她自己做过几份需要常常和人打交道的工作，包括：销售，高级猎头、银行运营/管理，以及企业新职介绍顾问。“我认为我有一个职业特点最能体现红色性格品质，那就是大概每七年，我就会有一个重大的职业转变，”她说，“我没法想象自己长时间做同一份工作。我有很强的创业能力，而且敢于承担风险。”最近，她成为了技术初创公司的天使投资人，这可不是每个人都能接受的冒险建议。“我喜欢分析各家公司，支持有活力的创业者，同时，希望我的某项投资能够成为大赢家。”

但是，在现在的工作岗位上，她红蓝外向性格的主要优势最能发挥出来。“我最大的成功之一就是打造了作为职业培训师的公司和个人品牌，”她说，“我的回报就是能够影响客户的职业生涯。”

理想的工作环境

自由和乐趣是你对理想工作环境的定义。请认真阅读表 10-2 的内容，尽量充分理解和运用。

表 10-2　红蓝外向性格的理想工作环境

请将你目前的工作环境与下面的描述进行对比。如果这些描述看起来理所当然，这说明你给自己确定的性格色彩是正确的。其他颜色性格的人，特别是金色性格的人，可能觉得这样的环境不舒服或无法保证工作效率。红蓝外向性格理想的工作环境：

- 轻松、包容、不拘礼节。在规则、枯燥的文字工作和监管被控制到最低限度的情况下，你的能力将得到最大限度的展现。等级和地位随时都有可能变化。
- 提供多样性和刺激感，最好再有一两次危机。重复和意料之中的工作会让你的工作表现极差。对于官僚作风，你会采取针锋相对的态度。
- 鼓励敢于冒险的创业精神和直面问题的态度。你处理意外事件的能力受到肯定。如果能在多个地点工作，你会快乐而兴奋。
- 专注于解决短期问题。你需要马上见到效果，以让你对正在进行的工作更有好感；你不喜欢被强迫考虑或实施长期目标。
- 允许根据事实信息开发实在有形的产品。如果你无法看到、摸到、尝到、闻到，或是证明不了，你就无法产生兴趣。除非是出于对同事的感情，否则头脑风暴式的思考方式会让你沮丧。
- 同事都活力四射，幽默有趣，并且注重实际经验。你是一个很有创业精神的人，不希望被阻止前进的脚步。
- 提供被大家认可的机会。大家的认可让你干劲十足，有力量去争取更大的成就。

符合以上所有条件的工作环境将是你事业发展的沃土。

对于红蓝外向性格的人来说，最糟糕的是特别强调长期项目的工作环境。日常工作氛围过于严肃；幽默和玩乐被认为极不合适。在文山会海、等级森严的环境里，你发现自己几乎无法完成任何任务。

当红蓝外向性格的人处于这种非理想的企业文化中时，其工作效率将很难提高，想要取得事业上的成就变得像攀山越岭一样艰难。

红蓝外向性格的理想老板

如果老板与你性格不合，即使工作不错也会让你头疼不已；如果老板很对你的胃口，即使职位一般，你也不愿意辞去。红蓝性格与其他类型红色性格的人特别容易相处。不过，如果是其他颜色性格的老板，但拥有表 10-3 中列举的品质，也会成为你的良师益友。

表 10-3　红蓝外向性格的理想老板

如果符合，请打钩。你的老板：

- ❍ 是个行动派，很好相处，比起日程计划和时间安排，更注重最终结果。
- ❍ 为你设定一个目标，然后放手让你自己去完成。
- ❍ 凭借幽默感建立融洽的关系。
- ❍ 在工作场所和下班后的活动中，都鼓励有趣的事情。

对红蓝外向性格具有很强吸引力的职业

与彼得·诺塔斯和劳拉·希尔一样，你最喜欢鼓励自由、行动和问题解决能力的职业。

需要指出的是，也许你对以下所列的职业并非都有兴趣。但你应该认识到，其中的每一种职业都在某种程度上让你能够施展才华和性格优势，而且，它们确实吸引了大批与你同属红蓝外向性格的人。这不是一个完备详尽的列表，但足以说明这些职业偏好的深层规律。如果列表以外的某种职业呈现出类似的规律，那么你从事该职业获得成功的概率就会更高。每个部分括号中的内容，标注出了在这个大类中会带来成功的性格特征。

根据我们的研究，我们预测列表中粗体标注的这些职业，在未来几年里会有高于平均水平的大幅增长。这一结论是基于美国劳工部和劳工统计局公布的数据得出的。这些数据公布在两个部门的网站 O*NET OnLine (www.onetonline.org)和 http://www.bls.gov/CAREER-OUTLOOK/上，并且不断更新。你可以从中了解有关岗位要求和薪酬范围深入全面的信息。

在任何岗位上，任何颜色性格的人都有成功的例子。在并不理想的职位上，你仍然可以打造一片属于自己的天地，发出自己的光芒。

商业/金融/管理/制造业（独立自主，快速决断，富有变化，具有令人瞩目的收入潜力）

广告和促销经理/销售员、**各类企业老板/经销商**、职业培训师、首席执行官、高级猎头、**金融顾问**、金融证券交易员（股票、债券、商品期货、外汇期权）、工业生产经历、保险精算人/经纪人/索赔审查员/调查员、**投资银行家/顾问**、**市场经理**、职业健康安全专家、采购经理/采购员、风险管理专家、**销售经理**/零售员、销售代表、股票经纪人、**风险资本家**、批发和零售采购员。

数字化/高科技（能运用技术专长解决眼前的实际问题）

视听专家、**计算机网络支持专家**、**计算机系统分析师**、**信息安全专家**、视频游戏开发工程师

娱乐/媒体（能在团队中发挥创新能力）

演员/舞者/喜剧演员、**经纪人/艺术家和表演者的商务经理**、作家、戏剧/电影/电视导演、电影/电视摄影师、**电影/电视制片人**、媒体专家、音乐家、摄影师、特效技师、体育比赛解说员、星探、脱口秀主持人。

保健科学（能够认真观察人体的具体细节，并用实用的方法改善健康）

脊椎按摩师、**临床试验技术员**、社区外展服务人员、**急诊室医师**、**护理人员**、私人健身教练、足病医生、**放射科技术员**、**呼吸治疗师**、**运动医学专家**。

餐饮/休闲（能够务实地处理频繁发生的小问题，善于激励他人，特别是以幽默的激励方式）

赌场/俱乐部经理、**主厨**/餐饮服务经理、巡游总监、餐饮服务员工/酒保、**酒店经理**、旅行社员工。

调查工作（善于形象的细节记忆，善于判断问题）

侦探/调查人员、保险欺诈调查员、情报分析师。

法律/政治选举

律师（特别是刑事案件、选举、娱乐、金融服务、诉讼、产品责任、审讯）、游说政府的说客、调停者、谈判代表、所有层次的政界人士（灵活变通，具有说服能力和适应选民需求的能力）

执法/政府

惩教人员、犯罪学家/弹道专家、联邦调查局（FBI）探员、消防员、法医学技术人员、军官、警官、税务检查员（具有敏锐强烈的视觉记忆，喜欢多样变化）

房地产

房屋检查员、地产开发商、房产经理、房地产经纪人/中介（擅长在发展迅速的行业里和人打交道）。

科学研究/工程/土地相关工作（具有技术特长，有贴近自然的工作机会或在一个学院派的环境里与他人一起工作）

土木/电子/工业/石油工程师、环保学家和林务官、农民和大农场主、工业安全健康工程师、景观建筑师、海洋生物学家、采矿工程师、公园博物学家/公园管理员、产品安全工程师、技术培训师。

体育相关工作（对体育运动有广泛的兴趣，红蓝性格且具备特殊的运动能力的人特别适合这个行业）

运动员教练、各类职业运动员、体育新闻记者、体育推广人/代理人。

交通运输（与你喜欢刺激、变化和冒险的特性相符）

空中交通管制员、航空机械员、商用飞机驾驶员/副驾驶员/飞机工程师、飞行教官、船长。

贸易（变化多样，关注细节，善于协调资源）

木工、手艺人、工厂监管人、总承包商。

案例分析 3

当职业难以为继时

里克·杰克逊（Rick Jackson）是他家中第一个上大学的孩子。家人对他寄予厚望，希望他能成为一名医生，但是，他就是对理论性很强的科学课程不感兴趣，也不喜欢整天待在实验室里。里克喜欢各种体育运动，每天都一分一秒地计算何时才能出去玩。

后来，里克还是屈服了，选择了生物医学工程专业，成为最先进入这一领域的美国黑人之一。他喜欢这个专业，因为它内容明确、贴近现实，致力解决实际问题，而且通常都需要尽快解决。虽然，他还是不喜欢专业理论，但仍以名列前茅的成绩顺利毕业。

毕业之际，他被加利福尼亚一家发展迅速的著名企业录用。为了享受自己喜欢的体育，他在自己的日程里面加了几项新的运动。

工作的第一年，他发现自己经常感到疲累。他的工作时间很长，运动时间越来越少，无法缓解工作压力。由于出色的危机处理能力，他在工作中还算成功。但是，他不得不经常进行理论研究，还要与其他研究人员讨论理论问题。这让他筋疲力尽。

他正准备寻找新工作时，突然在公司食堂的公告栏上看到一则生物医药社区推广人的职位招聘信息。这一职位的工作充满变化，涉及很多户外活动，需要经常与人接触，并且不用从事研究工作。里克径直来到人力资源部，拿下了这个职位。如今，里克不仅向客户介绍自己公司的产品，还将新思路带回来，设计研发新产品。其中，某些产品已成为公司的主要盈利来源。

你的性格所面临的挑战

红蓝外向性格的人对工作存在一些特殊的、潜在的盲点。我们之所以强调“潜在的”这个词，是因为没有哪个红色性格的人会拥有下述全部盲点。特别关注这些盲点，可以减少它对你的不利影响。而后，采取更有效的做法。（下面的括号中列举了一些建议做法。）

你的性格盲点可能包括：

- 对规则、程序和权威，你可能表现得比较随意淡漠。（这是你职业发展最严重的障碍。那些使你的工作更容易开展的因素，可能会妨碍别人的工作，而且，幽默感很难解决此类问题。当你想要忽略某一日常程序时，认真想想这是否会影响你的薪金复审结果。）
- 有时无法彻底履行责任。（如果某项责任让你的工作无法推进，你可能会对它置之不理。然而，在工作环境中，人们并不认为你是专注于重要的事，而是觉得你的行为有时前后不一致。你应将约见安排写下来，每天早晨看一遍。如果必须取消，应该提前通知对方。）
- 不喜欢紧迫的工作时限要求，重复的工作内容，以及必须独自一人的工作环境。（如果，你目前的工作有以上特点，尽量避免或考虑换一份工作。因为这会让你变得悲观消极、郁郁寡欢。如果避无可避，就想着这些工作任务都很荒唐可笑，这会放松你的心情。在会议室里靠近他人入座，也会改善你的心情。）
- 很少思考今天之后的问题。（你着眼当下。这通常是你的优势，但有时却不一定。设定长期的目标，把这当做必须遵守的思考原则来落实。）
- 经常对会议和项目准备不足。（在某些情况下，能够“见机行事”是非常重要的能力。但是，对会议和项目准备不足会损害你的信誉。应该至少安排提前二十分钟准备。）

你的求职之路——优势和劣势分析

你宁愿直接采取行动，也不愿意阅读这部分内容。不过，以下这些简便快捷、行之有效的建议，希望你牢记在心。

你的性格优势使你很容易：

- 拥有广泛的人际网络，能得到很多岗位信息和岗位推荐，并且很善于利用这些资源。
- 收集不同职业与企业的事实信息。
- 能够有力地推销自己，精力充沛且反应敏锐，给面试官留下深刻印象。
- 对于过去的工作和成就，能够明确、具体、详细地进行介绍。
- 镇定地应对意外的机会。
- 理性分析工作邀约的优劣之处。

为了避免性格盲点带来的不利影响，你需要：

- 强迫自己设定长期的职业目标；向朋友或家人寻求帮助，特别是绿色性格或蓝色性格的人。（要判断这两种性格的人，请阅读第 24 章“调整自我，适应他人，别做傻事。”）
- 少说、多听、多问。
- 耐心完成多个面试，不要急于做决定。
- 在求职过程中，对于各个环节的细节都要有始有终，例如，打电话、感谢函、公司调研。如果可以，找一个愿意帮忙的金色性格人士为你出谋划策。
- 详尽讨论，做出对你和你的家人有益的决定。

红蓝外向性格的面试风格

如果面试官的性格色彩与你的相近，你会马上感到气氛融洽。但如果面试官看起来与你的性格相去甚远，请采取下面括号中提出的建议做法。尽力挖掘你的本色能力，争取更多的工作机会。

你的性格会让你：

- 讲话时充满活力、激情、魅力和幽默感。（你的活力可能会让一些面试官害怕。如果面试官看起来充满戒备，请你放松坐好，认真回答几个问题，看看对方是否有所放松。）
- 经常利用个人经历说明自己的观点。（注意观察面试官是否能很好地接受这

种论证方式。如果面试官显得不耐烦或移开视线，不与你有目光交流，那么长话短说，尽快结束。）

- 关注当前的状况，而非未来或战略性的问题。（关注当下的能力是你很有价值的品质，但在处理涉及未来的问题时，你可能会显得目光短浅。回答这些问题时，要放慢节奏，认真思考。并且，要突出你面对突发变故时善于随机应变的能力。）
- 喜欢直截了当，喜欢行动甚于空谈。（在面试结束时，询问你是否能够得到这份职位，但不要匆忙行事。此时，急躁只能带来不利影响。如果面试官看起来犹豫不决，应果断行动。主动要求试着做一个项目或是试用一段时间。）
- 思维敏捷、反应迅速。（这通常是个加分项。但有些面试官可能想要听到更加深思熟虑的回答。你应不时放松坐好，抬头看看天花板，思考一会儿再做回答。）
- 以一种迫切而兴奋的表现说服面试官。（不要让面试官认为你的迫切和兴奋是因为你很绝望。注意你的坐姿，前倾程度不要超过面试官。）
- 爱开玩笑。（时时注意判断面试官的反应。多讨论中立的话题。）

好了，现在做点充满活力的事吧。如果，我们真的引起了你对性格色彩哪怕一点点的兴趣，过后，再阅读第 14 章“蓝色性格概述”。如果你想给你特别注意或者感兴趣的某人留下好印象，阅读第 27 章的职业发展路线图，摘抄些笔记。这张路线图会对你的求职过程大有帮助。

11

红蓝内向性格

你不仅是一个红色性格的人，还具有相当强烈的蓝色性格辅助特征。经过测试，你是色商内向型，也就是说，你需要通过独处而非与他人相处来恢复精力。你很有可能没有耐心阅读本书，只是为了取悦某人才勉强阅读。除非我们用理性和务实的方式激发你的兴趣，否则，你会全盘否定本书所有的内容。

红蓝内向性格概述

长于思考、脚踏实地、事从权宜，红蓝内向性格的人只会被逻辑说理的方式说服。对你来说，主动工作就像呼吸一样天经地义。

只有被人问起时，你才会分享自己的想法。经常沉浸在自己世界里的你喜欢独立工作，不喜欢被打扰。在小型的社团式团队里表现最佳；在这种团队里，大家更关注如何完成任务而非职位等级。

面对危机和变化，你表现出异乎寻常的效率。你注重实际、求真务实，只相信自己亲自观察的事实。你拥有特别敏锐、强烈的视觉记忆，特别擅长细节观察。你只关注具体的、此时此地的事物，对长期目标或者抽象的愿景不感兴趣。

你的交流风格简洁随意。在他人眼中，你可能会显得不合群。在你喜欢的活

动中，经营人脉和社会交往处于很次要的位置。其他人喜欢你面无表情的幽默，但也会觉得你难以捉摸。你常对非传统的解决问题的方式感兴趣，加上喜欢低调行事，因此，让你的同事感到困惑。

你可能确实漠不关心；你把与人交往视作浪费时间。(尽管这种性格在你的后半生会变得不那么尖锐，会更柔和圆滑。) 你对事物失去兴趣的速度之快，以及一旦遇到你不感兴趣的话题，就不再听下去，这令其他颜色性格的人望而却步。你只想听到事实，只响应切实可行的解决方案。

虽然，在某些时候，你能够做到专注，但你无法长时间保持注意力集中。你不愿在压力之下做决定。你能迅速对问题作出判断，但你喜欢尽量长时间地考量所有选项。这让你成为一个不好对付的谈判对手。然而，一旦你准备好，就快如闪电地做出决定。

最让你反感的人是那种情绪化和自大浮夸的人，他们喜欢说教，或是老是用固定的模式做事。边缘生活、积极行动和多样变化对你极具吸引力。

在工作中，你倾向于避开可能使你升入大型组织管理层的机会。你会选择卖出或购买一项经营权，同时将注意力转向新的兴趣点。对你来说，只有在危机状态下，才会担任需要承担重大责任的职务。而此时，你的灵活性和抓住问题核心的能力让你成为最高效的领导者。

如果到目前为止，我们的描述还算准确的话 (事实也应该如此。因为，70 多年来，这套系统已经在数百万人身上得到了验证)，就再给我们一点时间。阅读本章的其余内容，看看是否有助于改善你的生活。

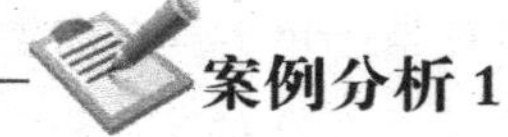

案例分析 1

高端室内设计师

邦妮 · 威廉姆斯 (Bunny Williams) 的室内设计在高收入人群中很受欢迎。"我主要做家居设计，"她说，"我的设计风格比较多变，但万变不离其宗，都是为人们创造舒适的居家环境。"

在她位于曼哈顿上东区的办公室里，邦妮管理着她的客户和家具授权生意——邦妮 · 威廉姆斯家居。她的设计在 Ballard's (桌面装饰及玻璃制品)、

Dash & Albert（毛毯）和 Lee Jofa（应为 Jofa，原文为 Josa）（家纺）均有销售。她已经出版了 5 本图书。《房子的情事》（*An Affair with a House*）展现了她热情高雅的艺术风格。邦妮的性格在这一行业大放异彩。红色性格对生活中美好事物的欣赏成就其在家居行业的成功。

“我很快就明白这是我想要从事的行业。我来到纽约，在老牌古董商 Stair and Company 找到一份工作。接着，我跳槽到帕里什·哈德利公司，这是我梦寐以求的室内设计公司之一。我从哈德利先生的秘书做起，一直晋升为高级设计师。20 年后，我离职并创办了我自己的设计公司——邦妮·威廉姆斯股份有限公司。”

邦妮的蓝色辅助性格品质所具有的分析和战略能力为她担任邦妮·威廉姆斯公司的主席提供了必要的支持。她说：“我是高级设计师。我参与最多的是设计类的工作。同时，我也管理业务。业务管理的工作我也很有兴趣；每个月我会查看公司的财务状况，我对这块工作非常重视。但是，我不想把我全部的时间花在这些工作上。我聘请了专门的人员在财务部门工作，他们在会计方面比我做得更好。我想每个领导者都会思考摆正自己的角色。”

她的内向性格也对工作有利，“有时，我会关上办公室的门，关掉电脑和手机，认真阅读我的书籍、新的杂志和产品目录。新的材料会给我灵感。”

虽然，她的职业道路战略重点明确，但在事业早期，邦妮是以红色性格关注当下的方式应对职业挑战的。“你不知道 15 年或 18 年以后一个行业会变成什么样子。我只是做我喜欢做的事。30 岁左右，我意识到我想在这个行业有所作为。你决定把它作为毕生的事业。我想，很多人在早期一直做某份工作是为了有钱付房租。他们花费了很多时间寻找能够让自己热情投入的工作。你越早对自己说‘我不想做这份工作。’就越能够换到新的职业，尝试新的东西。”

 你的工作状态

作为团队领导

你以行动垂范的方式来领导你的员工。在分析判断问题时，你逻辑清晰，实事求是，寻找完成任务最简便的办法。你的沟通风格是非常强调准确性的。你能够有效发挥员工的各种能力。

当他人需要信息时，你是个名副其实的信息库。那些事实信息会激发创意性的解决办法，并让你能够承担精确计算过的风险。

作为团队成员

你觉得和团队一起工作让你疲惫而且效率不高。如果你脱离团队，然后带着你自己的解决办法和思路回来，其他团队成员会感到困惑和威胁。

你自己的小天地会和你对行动的热爱相互作用，实现平衡。如果你的团队负责处理危机，你可能会成为团队的领导者，因为激励他人积极行动是你与生俱来的能力。

简短的会议是你唯一能够忍受的集体讨论形式。你可能不会完成你认为不重要的任务，而这可能会让其他人很反感。他们可能会把你的超然冷漠误会为混乱无序。

请参考表 11-1，明确你性格的工作优势。

表 11-1　与工作有关的性格优势

下面列举的特征约有 80%与你的情况相符。将符合的项目勾选出来，并将它们运用到你的求职简历和面试实践中。你的独特表现将会让你从其他人古板僵化的回答中脱颖而出。你：

- ❍ 能够激发大家行动的积极性，让大家团结一致，把工作任务综合在一起处理。
- ❍ 具有出色的观察力。
- ❍ 很注重事实信息。
- ❍ 能出色完成行动导向的、实际的、不重复的工作任务。
- ❍ 注重并提高工作效率。

- 喜欢以逻辑理性的方式战胜困难。
- 把对事实和数据合理的需求和对新方法策略的开放态度结合起来。
- 当自己独立工作时，能够长时间地保持工作效率。

接下来，我们一起来看一些红蓝内向性格的人活跃在不同领域的例子。

案例分析 2

第二负责人，教育支持团队

艾利克斯·李（Alex Lee）是一个善于发现机遇的红色性格人士。艾利克斯比不只是单纯地追求盈利，他还帮助高学历教育工作者寻找更有效的教学方式。

红色性格是所有性格类型中最活泼有趣的，总是时刻准备投入各种运动和游戏。对于艾利克斯和他拥有 5 个程序设计师的团队来说，游戏就是提供支持，并改善高等教育的过程。

“我们提供方案，并告诉学生和教学团队如何开展模拟真实世界的游戏，”艾利克斯说道，“我们研究现有的游戏，看有没有可以被改造利用的。有时我们也根据教师的需要发明一些游戏。我已经共同开发了两门游戏式教学课程，并合作进行了另外两门课程的教学工作。”

对于红色性格的人来说，这是个很棒的工作。因为它得满足实际操作的各种需要，这就必须不断改进和发展。艾利克斯说：“我的工作最大的优点就是，我可以做各种不同的我喜欢的事情：教学、提供技术支持、设计游戏。我可以接触很多人，并让他们满意。工作中要面对一系列的挑战——每一天都是绝不相同的一天。”

艾利克斯设计的游戏并非每个都能够派上用场或被教师们接受；他工作中的开发性任务会带来一定的风险。但红蓝性格具有把承担风险和战略思考相结合的能力，非常适合应对这样的挑战。

他说：“我经常在设计游戏的思路上做大的改变。我不停地搜寻机会和可能，然后一一尝试，看它们是否行得通。我对自己说，如果我不尝试，我是没法原谅自己的。”探索未知的领域会让红色性格的人精力充沛，但这会让其他颜色性格的人（特别是金色性格）感到心力交瘁。

艾利克斯更关注效率而非正确与否。“出乎意料的是，我们最大的成功之处不是每个教师都用我们提供的方案，而是教师们都感到，我们是支持帮助他们的。他们明白我们不会走进他们的课堂，然后把一些东西硬塞进他们的喉咙，让他们照本宣科。把我们自己硬塞进课堂会让我们更没有效率。”

红蓝性格的人特别擅长规避他们认为是障碍或者毫无必要的规则和程序。艾利克斯也会这样，他把工作任务安排给他认为能够完成得更好的团队成员。“我团队中的一个人擅长撰写正式的备忘录，另一个人则擅长日常的技术支持。”他说。

他运用红色性格独有的方式来应对难缠的客户。“我用到的一个技巧是，我会直接表明我同意他们的观点，然后说一些他们并没有说的话。让它们听起来像是他们的观点。如果客户反驳我，我就说，‘不好意思——我误解了你的意思。’”

但是，艾利克斯有很强的职业道德感。“我对自己的表现保持怀疑检查的态度；如果我认为自己已经找到所有问题的答案了，我就会毫无效率地工作。”

理想的工作环境

你理想的工作环境日常工作中就充满危机，并且为你提供一个私人的办公室，让你可以反省思考。在收到一份工作邀约时，动用一切方法来尽量争取表 11-2 中所列的要点。

表 11-2　红蓝内向性格的理想工作环境

请将你目前的工作环境与下面的描述进行对比。如果这些描述看起来理所当然，这说明你给自己确定的性格色彩是正确的。其他颜色性格的人，特别是金色性格的人，可能觉得这样的环境不舒服或无法保证工作效率。红蓝内向性格理想的工作环境：

- 轻松惬意。在规则、枯燥的文字工作和监管被控制到最低限度的情况下，你能最大限度地发挥你的能力。

- 关注直接效果。你需要马上见到效果，以让你确认正在进行的工作是有价值的。
- 允许你的工作是基于真实事物，让你接触实实在在的产品。如果是你无法看到、摸到、尝到、听到、嗅到的东西，你就不会产生兴趣。头脑风暴式的思考方式对你来说不过是浪费时间，令人沮丧。
- 鼓励真诚直接的工作方式。琐碎闲聊和旁敲侧击的行为会让你失去耐心。微妙之处、细微差别和情绪感受是其他颜色性格的事情，与你无关。
- 提供探索尝试的机会。
- 工作富于变化、令人兴奋，并提供高风险投机冒险的机会。和行动派的同事一起解决一两个危机问题，对你来说就是完美的一天。
- 允许拥有自主权和私人空间。因为性格内向，即使你拥有高超的人际沟通能力，与他人打交道会让你精疲力竭。如果你不得不和他人在同一个空间工作，那么当一天的工作结束时，你会感到更加疲惫。在私人空间里，你的思维和工作表现都会更好；如果可能，应该将其作为到岗就职的前提条件之一。

符合以上所有条件的工作环境将是你事业发展的沃土。

对于红蓝内向性格的人来说，最糟糕的是特别强调职位等级，依赖文山会海推进工作的环境。对你来说，这种环境过分要求与他人合作，如果碰上那些需要一直反复确认的人，更是如此。

当红蓝内向性格的人处于这种非理想的企业文化中时，其工作效率将很难提高，想要取得事业上的成就变得像攀山越岭一样艰难。

红蓝内向性格的理想老板

如果老板与你性格不合，即使工作不错也会让你头疼不已；如果老板很对你的胃口，即使职位一般，你也不愿意辞去。红蓝性格与其他类型红色性格的人特别容易相处。不过，如果是其他颜色性格的老板，但拥有表 11-3 中列举的品质，也会成为你的良师益友。

表 11-3 红蓝内向性格的理想老板

如果符合，请打钩。你的老板：

- 为你指明正确的方向，然后放手让你自己去完成。
- 和你一样，具有幽默感。

- 赞赏逻辑性，不认为你独立工作的方式是一种威胁。
- 愿意冒险。

对红蓝内向性格具有很强吸引力的职业

和艾利克斯一样，你最喜欢活动自由、强调行动力和赋予变化的职业。那些能够施展你谈判能力的工作岗位常常吸引你的关注。寻找那些能发挥你的主要优势的职位：迅速加入、立刻行动，无论要付出什么，一切都可以协商，只要能够拿下这份工作。

需要指出的是，也许你对以下所列的职业并非都有兴趣。但你应该认识到，其中的每一种职业都在某种程度上让你能够施展才华和性格优势，而且，它们确实吸引了大批与你同属红蓝内向性格的人。这不是一个完备详尽的列表，但足以说明这些职业偏好的深层规律。如果列表以外的某种职业呈现出类似的规律，那么你从事该职业获得成功的概率就会更高。每个部分括号中的内容，标注出了在这个大类中会带来成功的性格特征。

根据我们的研究，我们预测列表中粗体标注的这些职业，在未来几年里会有高于平均水平的大幅增长。这一结论是基于美国劳工部和劳工统计局公布的数据得出的。这些数据公布在两个部门的网站 O*NET OnLine (www.onetonline.org)和 http://www.bls.gov/CAREER-OUTLOOK/上，并且不断更新。你可以从中了解有关岗位要求和薪酬范围深入全面的信息。

在任何岗位上，任何颜色性格的人都有成功的例子。在并不理想的职位上，你仍然可以打造一片属于自己的天地，发出自己的光芒。

商业/金融/制造业/管理（独立工作或和少数几个人一起工作，能依靠逻辑方式和快速决断创造回报，危机对你有激励作用）

预算分析师、**企业家/经销商**、**金融顾问**、金融证券交易员（股票、债券、商品期货、外汇期权等）、保险精算人/索赔审查员、**投资银行家**、**资产管理人**、**采购员**、风险管理专家、**证券分析师**、**股票经纪人**。

数字化/高科技（需要有技术特长，提供接触实际材料的机会，并鼓励突然爆发的行动力）

计算机系统分析师、硬件工程师、教育型计算机模拟工作、信息安全专家、物联网方案架构师、网络系统管理员/分析师、软件设计师/开发者、软件工程师、支持专员、技术培训师。

娱乐/媒体（满足你对刺激、自由、施展技术专长，以及非传统处理方法的需求）

经纪人/演员和特殊活动的商务经理、音频和视频设备技术员、视听专家、电影、视频和电视剧摄影师、摄影师、音响工程技术员、特效技师。

保健科学（动手操作精密设备，认真观察人体的具体细节，并用实用的方法改善健康）

麻醉师、心血管技术专家、临床试验技术专家、牙医/牙科卫生专家、急诊室医师/技术员、运动生理学家、护理人员、足病医生、放射科技术员、运动医学专家、外科手术技术专家。

餐饮/休闲（需要频繁面对危机和压力，需要迅速介入并立刻采取行动）

酒吧/俱乐部老板/经理、主厨、餐厅老板/经理。

调查工作（允许独立工作，能够长期独立工作）

侦探/调查人员、法医技术人员、保险欺诈调查员/精算人、情报员/专家。

法律/执法/政府（具有敏锐强烈的视觉记忆，采用逻辑性的方式解决问题，行动派，喜欢多样变化）

弹道专家、惩教人员、犯罪调查人员、消防员、防火专家、律师（特别是刑事案件、能源、诉讼、房产、交通）、调停者、军官/特殊部队人员、警官。

与自然相关工作（喜爱户外和体育运动，具有长时间独立高效工作的能力，灵活变通地处理问题）

农业检查员、农民/大农场主、林务官、景观建筑师、海洋生物学家、公园博物学家、土壤保护专家、测量员。

科学研究/工程（具有技术特长，提供动手实操的机会）

工程师（土木/电子/环境/工业/保健/替代性能源系统）、职业保健专家。

与体育相关工作（对身体细微差别有敏锐的观察力，具有快速反应和谈判的能力）

各类职业运动员、运动员教练、运动员的商业经理。

交通运输（与你喜欢刺激和冒险的特性相符）

救护车驾驶员、空中交通管制员、航空机械员、飞行教官、飞机驾驶员/飞机工程师、赛车手、船长。

其他（要求灵活多变，能够冷静面对危机，会用权宜之法完成任务）

汽车产品零售商、船长、木工/木匠、电工、总承包商、室内设计（高端）、珠宝商、水管工、测量员。

案例分析 3

当职业难以为继时

赫克托·托雷斯（Hector Torres）一直都知道，有天他将接手管理自家的高档西班牙餐厅。十几岁时，她就很喜欢在那里工作，品尝菜单上各种精美的食物。红色性格的人比大部分其他颜色性格的人更喜爱美食和美酒。赫克托喜欢那里的工作压力和各种危机，而且他还可以进行社交活动。对一个讨厌聚会的内向性格的人来说，这是一个不错的社交环境。“任何能让我像在这里一样自由的工作，对我来说都是合适的。”他总是这样说。

中学毕业后，赫克托进入美国烹饪学院（Culinary Institute of America）继续深造，他特别关注餐厅管理的有关课程。他惊讶地发现，餐厅管理的有些工作非常枯燥，特别是库存管理和夜间账目结平。但赫克托认定了这份职业。毕业时，他的父母退休了，把餐厅交给他经营。他跃跃欲试地要尝试一些经营新思路。

这时他发现，自己缺乏父母处理员工排班和应对性格各异的员工的能力，这经常让赫克托感到心烦。几位老服务员离职了，他原先喜欢挑战的小危机变成了他难以应付的大危机。库存管理和账目结平成了每天要面对的事情。他和未婚妻的关系变得紧张，因为他要求把婚礼推迟到他能够掌控餐厅运营以后。

所有的问题在餐厅被抢劫那天达到了顶峰。警察前来调查，但他们唯一能够断定的是，这是内部人员所为。不满于警方调查的缓慢进度，赫克托开始了自己的内部调查。48 小时不到，他便找出了罪犯，并收回了大部分损失。自从接管了餐厅以来，赫克托从未如此充满活力过。

他再次回到学校，并成为一名私家侦探。如今，他已经结婚，创办了自己的调查事务所，专门调查餐厅事件。他的一个兄弟接管了餐厅，老服务员又回来了，生意也兴隆起来。

你的性格所面临的挑战

红蓝内向性格的人对工作存在一些特殊的、潜在的盲点。下定决心，认真分析这些盲点，可以减少它们对你的不利影响。然后，采取更有效的做法。（下面的括号中列举了一些建议做法。）

你的性格盲点可能包括：

- 对他人重视的规则和程序，表现得随意淡漠，包括错过最后期限。（这是你职业发展最严重的障碍。那些使你的工作更容易开展的因素，可能会妨碍别人的工作，而且，幽默感很难解决此类问题。当你想要拖延某件事时，认真想想发放薪金的时间也后延会如何。）

- 有时，你会伤害同事的感受。（你不重视与人相处，权宜应变才是你优先考虑的事。伤害感情会影响结果。）
- 讨厌无法掌控自己的时间安排和最后期限十分紧迫。（这会让你变得愤世嫉俗和草率轻佻。任何经常出现此类情况的工作，你都应当慎重考虑辞职。）
- 本该做好准备的工作，你会疏于准备，临时抱佛脚。（这会影响你的信誉。如果你对对方重视的问题采取轻率态度，他们就会不信任你，也不会承认你的特殊品质和贡献。）

你的求职之路——优势和劣势分析

你宁愿到大街上漫无目的地找工作，也不愿意阅读这部分内容。不过，再忍耐一会儿；我们马上就讲完了。以下这些具体建议对你找工作会大有助益。

你的性格优势使你很容易：

- 对无法预见的机遇能够快速而果断地做出反应。
- 在面试中，你能具体而准确地介绍过去的工作和成就。
- 你喜欢冒险的活动，由此你能够建立起良好的职业人际关系。
- 善于就新工作的条款进行谈判。

为了避免性格盲点带来的不利影响，你需要：

- 强迫自己设定长期的职业目标；向朋友或家人寻求帮助，特别是金色性格或蓝色性格的人。（要判断这两种性格的人，请阅读第 24 章“调整自我，适应他人，别做傻事”。）
- 提前准备关于情感和关系建立的问题；和一个绿色性格的人进行角色扮演的练习。
- 在求职过程中，对于承诺、最后时限和一些基本任务，例如，维护联系人名录和发送感谢函等，都要有始有终。向一个愿意帮忙的金色性格的人求助。
- 要求自己认真考虑一份工作邀约会如何影响你和你的家人的未来，而不是只想到这个月和今年。
- 大胆请求熟人和陌生人为你提供推荐信和职位信息。你喜欢的朋友圈子还是太小了。

 红蓝内向性格的面试风格

如果面试官的性格色彩与你的相近，你会马上感到气氛融洽。但如果面试官看起来与你的性格相去甚远，请采取下面括号中提出的建议做法。尽力挖掘你的本色能力，争取更多的工作机会。

你的性格会让你：

- 如实具体地描述你过去的工作职责和成绩。（有时，面试官喜欢问你的感受：“你喜欢之前的老板吗？你和同事的关系怎么样？”找一位绿色性格的人帮你角色扮演，提前演练好这样的问题。）
- 避免透露个人信息。（刻意保持距离会让你看起来好像有所隐瞒。如有必要，稍事休息，然后诚实作答。）
- 回答问题时，简介但是不太正式。（有些面试官喜欢更加正式的回答。如果面试出现停顿，同时，面试官看起来似乎再等你做更多的答复，运用你快速思考的能力，用更多的事实扩展你的回答。）
- 只在你有兴趣的时候认真倾听。（咬紧牙关，认真听完面试官说的每一件事，不管内容有多无关紧要。耐心是求职面试中一种优秀的品质。）
- 会面无表情地幽默说笑。（这种幽默对那些了解你的人很有效果。但对于那些不了解你的人，这会造成社交尴尬。如果一个笑话在面试中未能奏效，立刻微笑并说：“只是开个玩笑。”）
- 关注目前的情况，而忽略未来和战略问题。（你关注当下的能力是你很有价值的品质，但在处理涉及未来的问题时，你的回答可能显得过于简短。回答这些问题时，要放慢节奏，认真思考。并且，要突出你面对突发变故时善于随机应变的能力。）

祝贺你，坚持阅读完本章内容，大多数红色性格的人是做不到的。现在，做点充满活力的事，犒赏一下自己。过后，再阅读 14 章“蓝色性格概述”，如果，我们真的引起了你对性格色彩哪怕一点点的兴趣。如果你想给你特别注意或者感兴趣的某人留下好印象，阅读第 27 章的职业发展路线图，摘抄些笔记。记录在求职过程中，你所获取的人脉关系信息，是个不错的选择。

12

红绿外向性格

你不仅是一个红色性格的人，还具有相当强烈的绿色性格辅助特征。经过测试，你是色商外向型，也就是说，你需要通过与他人相处来重振精神，而不是通过独处来恢复精力。你很有可能没有耐心阅读本书，只是为了取悦某人才勉强阅读。你富有同情心，能言善辩，忠诚可靠，你对预测未来趋势很有天赋。所以，我们会尽量让书的内容切实有用且妙趣横生，否则，我们知道你会掩卷而去。

红绿外向性格概述

红绿外向性格的人温暖热情、活力四射、兴趣广泛、朋友众多。你积极主动、喜欢社交、适应性强。在初创企业里或是公司危机中，你会光芒四射。

你求真务实，只相信自己亲身观察的事实。拥有特别敏锐强烈的视觉记忆，你特别擅长回忆细节。你为人随和、爱好娱乐，而且喜欢意料之外的事物。

在所有颜色的性格中，你与当下联系得最为紧密。因为你总是希望看到立竿见影的效果，无法容忍僵化的程序和按部就班的惯例。你非常讨厌喜欢发号施令的人，他们总是坚持“用正确的方式”做事。除此之外，你都能宽容地接受，抱持“共生共荣”的态度。

在他人眼中，你充满活力、愉快有趣、慷慨大方；在你身边，他们感到积极乐观、充满热情。对你来说，建立人际网络一点都不难。

你的交流风格是直截了当的。你注重事实，但也喜欢一两则奇闻异事（尤其是幽默好笑的那种）。虽然在某些时候，你能够做到专注，但你无法长时间保持注意力集中。你不愿在压力之下做决定。相反，你喜欢尽量长时间地考量所有选项。然而，一旦你准备好，就会快如闪电地做出决定。

案例分析 1

创业者，餐厅和邮购行业

格雷戈里·B·毕度（Gregory B. Bidou）不认为少年时进行的摩托赛车能够作为毕生事业。于是，他选择了上大学，成为一名环境工程师和工业卫生专家。但 30 年来，这位红绿外向性格人士一直对工作不满意，因为“尽管从我拯救的生命和预防的疾病来看我的工作非常完美，但从统计学的角度来看，我的成绩可能数十年都无法得到认可。”

所以，格雷格开始在业余时间售卖经典英国摩托车的零件。他喜欢将锈迹斑斑的零件修复如新带来的直接的快乐，以及和顾客们一起诊断机械故障问题带来的满足感。

不到两年，这项副业快速发展，自家车库已经无法满足营业需求了。随着库存不断膨胀，格雷格不得不租赁昂贵的仓库空间，其中有些很不安全、被盗的可能。

格雷格喜欢应对这些实实在在的挑战。一个星期天，她在偏远的详见发现了一座无人照管的咖啡店，上面有一套公寓，附近还有两座粮仓。星期一晚上，他就买下了这片房产，尽管他还不清楚应该如何使用临街的店面。不过，镇公所给了他很大的鼓励。

他以一个不错的价格卖掉了自己的房子，因而能够用现金支付了他的新房产，并还有剩余的资金用于改造整修。这个新社区的人们不断地问他：“你打算重新开一家咖啡馆吗？”尽管没有经营餐厅的经验，他仍然一头扎进这项新事业中。他花了一年时间重新开起了这家小咖啡馆，其间基本上全依靠他自己的力量。

他计划在一周之中，用一半的时间销售摩托车零件，另一半时间用来经营面向摩托车爱好者的咖啡馆。两项业务互相促进，相得益彰。

凭借之前丰富的工业卫生经验，他能够很好地处理各种突发的危急情况。但格雷格说："我一度实施过照看幼儿的服务，但这让我几乎要发疯。"红绿外向性格的人喜欢创业，但是讨厌接下来重复而又沉闷的管理工作。

注重当下的红绿外向性格需要立刻看到效果。"在咖啡馆，我做好一道菜。马上，顾客就会告诉我他们是否喜欢。"可是，一次又一次重复做同一道菜，格雷格也感到厌烦了。

相比之下，摩托车零件业务一直都充满变化和挑战。格雷格满意地说："没有哪两个顾客是相同的，也没有哪两辆车是相同的。我真的很喜欢通过电话交谈来确定摩托车的问题所在，然后为顾客提供配件解决他们的问题。"

他甚至喜欢应付会让初次创业者心搏骤停的现金流问题。"我认为，这是一种风险管理。与我过去在公司里领工资的日子相比，我的确做出了牺牲。不过还好，至今还没有债主来敲我的门。"

如今，格雷格的咖啡馆已经相当成功——甚至连《纽约时报》(*New York Times*)和《男性期刊》(*Men's Journal*)杂志都对它进行了报道，还有许多热情赞扬的评论，最引人注目的是《地道美食》(*Road Food*)中著名的简·斯特恩(Jane Stern)的评论。冬季，咖啡馆的客流减少以后，摩托车零件业务挑起大梁，他也过上一种简朴但更快乐的生活。

你的工作状态

作为团队领导

"快速"是你的注脚。你有一种快速"进入阵地"的管理风格，用幽默调剂压力。比起挟势弄权，你更喜欢团队协作。

风险和变化不会让你忧虑，因为你对问题和结果都实事求是。缺乏实效记录的创新方案不但不会让你恐惧，反而能激发你的兴趣。

作为团队成员

你注重实际、脚踏实地。你让想法变成现实，你的热情激励每一个人参与其中。虽然你看起来玩世不恭，但其实深谙获取必要的资源，顺利完成任务之道。

你过于看重乐趣或肾上腺素狂飙的快感，这可能会招致他人的反感。

请参考表 12-1，明确你性格的工作优势。

表 12-1　与工作有关的性格优势

下面列举的特征约有 80%与你的情况相符。将符合的项目勾选出来，并将它们运用到你的求职简历和面试实践中。你的独特表现将会让你从其他人古板僵化的回答中脱颖而出。你：

- ❍ 脚踏实地地面对需要完成的工作。
- ❍ 留意并记忆事实信息。
- ❍ 在危机情况下或时间紧迫时，能够迅速做出反应。
- ❍ 把活力和乐观的态度带到项目工作中。
- ❍ 喜欢与他人合作。
- ❍ 在谈判和销售方面效率极高。

现在，我们看看另外两个红绿外向性格的人在不同领域，是如何发挥自己的性格优势。

案例分析 2

总顾问和首席合规官，另类金融投资家

当事情是新出现的、趋势性的、或是需要升级的，莉娅·戴维斯（Ria Davis）律师就是确定它们的那个人。作为桑佩尔资产管理有限责任合伙公司（Semper Capital Management, LP）的总顾问和首席合规官，以上是她为公司服务的优势能力。桑佩尔是一家位于纽约市，规模达 10 亿美元的另类投资公司，它为机构和零散客户提供服务。

通常，你很少看到像莉娅这样的红色性格人士从事细致的金融合规工作。“我是一个红色性格的人，却在做一份金色性格的工作。”她自嘲地承认。但她得到如今这个岗位的过程却完完全全是个红色性格的故事。

“2013年，桑佩尔的业务发生了巨大的变化，”她说，“我花了18个月重建了一套行之有效的合规计划来适应这些变化，也重新制定了许多技术解决办法。（对于在技巧上和技术上应该如何操作，我很依赖直觉。）所有的合规手册都重新编写，并且我们对合规职责进行了点对点的审查。”

但红色性格的强项是解决问题，而非维持一个设计良好的部门。“我的职业选择都是基于我对多样性和变化需求，我想要一直保持学习新东西的状态，”她说，“出了避免被‘卡在’一个无聊的角色里，我从来没有任何‘计划’。”红色性格的人喜欢直接的挑战。

“我的公司认为巴西是一个‘市场热点’，于是，我在几周内就学会说葡萄牙语了。第一次与客户会面时，我们讨论会计事务。我必须听懂一个日本人用非常浓重的口音说的巴西式葡萄牙语。小菜一碟，”她回忆道，“我的格言就是：‘到现场，办成事；下一个挑战是什么？’一旦一个挑战结束，我就准备接下来去做别的事情了。”

红色性格的人是解决问题的好手。即使胜算并不大，他们也会全力投入。他们似乎总能轻而易举地把事情办成，而其他颜色性格的人会觉得要做到这样必须小心谨慎地先行计划。她很早便采用了数字化工具。“20世纪90年代后期，我了解了互联网并领导一个法律和技术团队，在花旗集团（Citigroup）打造出第一个安全私人银行客户网站，”她说，“其他任何一个律师都不想做这件事。”

她的职业发展道路从休斯敦的贝克和伯特斯律师事务所的一名律师开始，供职于纽约的几家事务所（谢尔曼和思特灵律师事务所（Shearman & Sterling）、凯寿律师事务所（Kaye Scholer）、布朗和伍德律师事务所（Brown & Wood）[如今已更名为盛德律师事务所（Sidley-Austin）]，以及花旗集团私人银行），最后加入了桑佩尔。

莉娅会说西班牙语、法语和葡萄牙语；她很想学习日语。说英语时，她直截了当，毫无保留，这是她红色性格的典型特点。“我是一个沟通风格很直接、很男性化的女性，当我同时和男性与女性沟通时，这对我造成了很大的挑战。”幸运的是，她红色性格喜欢团队合作的特点帮她找到了平衡。最近，莉娅改换了职业。她现在是纽约金融女性协会（Financial Women's Association of NY）新任的执行总监。

案例分析 3

电视剧/电影演员和制片人

霍华德·普莱特（Howard Platt）多产的娱乐职业生涯已长达 50 年之久。他的面孔和声音在美国已是家喻户晓。霍华德最为人熟知的角色大概是他在经典情景喜剧《桑福德和儿子》（*Sanford and Son*）中扮演的白人警察霍普金斯（Hoppy the white cop），但他的作品横跨广播、电视、电影、戏剧（表演和制片）以及音乐等多个领域。他和许多著名的演员合作过，例如，艾伦·艾尔达（Alan Alda）、金·哈克曼（Gene Hackman）、霍·林登（Hal Linden）、李·马文（Lee Marvin）、鲍勃·纽哈特（Bob Newhart）、奥利弗·里德（Oliver Reed）、西西·史派克（Sissy Spacek）、康妮·塞勒卡（Connie Sellecca 原文错拼写为 Selleca），以及约翰·特拉沃尔塔（John Travolta）。

霍华德最近在在《布拉盖德斯一双人》（*A Couple of Blaguards*）担当主演。这出长期连续上演的戏剧讲述了《安吉拉的灰烬》（*Angela's Ashes*）的作者弗兰克·麦考特和他的弟弟马拉奇·麦考特兄弟俩的故事。由于演出需要，霍华德经常到处奔走，到美国各处的目的地演出。霍华德很喜欢在路上不断体验新的经历，认识新的朋友，这体现了典型的红色性格人士喜欢冒险和社交的品质。当他行驶在不熟悉的乡间小路上和大城市中时，其红色性格中突出的视觉记忆和观察能力发挥了巨大作用，让他不会迷路。

“我大多数时间会在芝加哥。”他说。正是在芝加哥，他担任制片人，推出了《加油站男孩和小餐馆》（*Pump Boys and Dinettes*）、《为黛西小姐开车》

(*Driving Miss Daisy*)、《第二春》(*Shirley Valentine*)和《淘气老顽童》(*I'm Not Rappaport*)等风靡剧场的作品。也是在芝加哥，他和许多杰出人物一起工作，例如谢力·伯曼(Shelly Berman)、艾伦·伯斯汀(Ellen Burstyn)、加勒特·莫里斯(Garrett Morris)和洛丽泰·斯威(Loretta Swit)。他说："我有家庭，我喜欢到威斯康星和达拉斯去玩。我也经常到纽约和洛杉矶参加试镜。但最近，我住在墨西哥。"

红色性格的人大多喜欢幽默十足的对话；霍华德是个很会讲故事的人，而且他拥有非凡的成就。他的故事充满了名人和剧场冒险。他自己或是共事的演员忘词的时候，他的红色性格中处理危机的卓越能力总能发挥作用，能够很好地控制局面。他的绿色辅助性格对他人具有敏锐的感知力，所以总能立刻准确把握和调动观众的情绪。这些特性让他在必要时，能够轻松地在舞台上进行即兴表演。

他的绿色性格品质激发他以多种多样的艺术表现形式来进行创作。他写了10首歌；最近，他合作筹划(也将出演)了一出关于中西部著名环保行动主义者福克斯(The Fox)的剧目。霍华德的原创音乐也将出现在配乐中。

红绿性格的人在灵活宽松的工作环境里容易成功。"我做得最有趣的事是在《飞天航空》(*Flying High*)中。"霍华德回忆自己在那部1978—1979年播出的电视剧中的演出。"制片人对导演说：'不要跟霍华德较劲，让他想干吗就干吗。'那真是太棒了！我能自由地做我想做的事。我会事先提醒其他演员：'我要搞点事情了，所以，做好准备吧。'"

理想的工作环境

格雷格·毕度的摩托车生意和咖啡馆都让他可以接触实实在在的产品，并专注于短期的问题，这对红绿外向性格的人来说近乎完美。红绿外向性格的人还喜欢按照自己的规则行事，需要非常宽松的环境，正如霍华德·普拉特那样。

在收到工作邀约的时候，充分利用表12-2中的内容。

表 12-2 红绿外向性格的理想工作环境

请将你目前的工作环境与下面的描述进行对比。勾选与你情况相符的选项。如果这些描述看起来理所当然，这说明你给自己确定的性格色彩是正确的。其他颜色性格的人，特别是金色性格的人，可能觉得这样的环境不舒服或无法保证工作效率。红绿外向性格理想的工作环境：

- ❍ 放松包容、不拘礼节。在规则、枯燥的文字工作和监管被控制到最低限度的情况下，你的能力将得到最大限度的展现。
- ❍ 工作富于变化、令人兴奋，最好不时出现一两个危机。机械重复和按部就班的工作最让你无法忍受。
- ❍ 鼓励那些工作节奏快，能够解决问题的员工。你喜欢那种会让其他颜色性格的人抓狂的肾上腺素狂飙的快感。
- ❍ 提供机会运用解决问题的能力。在压力之下快速工作的品质，使你特别适合参与项目或是在混乱的部门工作。
- ❍ 专注于短期问题。你需要马上见到效果，以让你确认正在进行的工作是有价值的。
- ❍ 允许你基于真实事物开展工作，让你接触实实在在的产品。如果是你无法看到、摸到、尝到、听到、嗅到的东西，你就不会产生兴趣。你认为，花一整天时间开会讨论问题，除了增进同事友情之外，纯粹是浪费时间。
- ❍ 富于美感、色彩绚丽。与大多数其他颜色性格的人不同，没有吸引力的环境会让你烦躁不安、情绪低落，工作效率也会受到影响。你喜欢所有美好的事物，它们可以激发你的灵感。
- ❍ 同事是充满活力的行动派。精力充沛的同事能够刺激你的工作效率。
- ❍ 重视客户和员工的需求。如果企业不重视人性的需求，总是从每一笔交易和每一名员工身上榨取每一分利益，你会完全丧失工作热情。

一个符合以上所有条件的工作环境将是你事业发展的沃土。

对于红绿外向性格的人来说，最糟糕的工作环境是强调长期项目的环境。幽默和玩乐被认为极不合适，日常工作氛围过于严肃。在文山会海、等级森严的环境里，你发现自己几乎无法完成任何任务。

当红绿外向性格的人处于这种非理想的企业文化中时，其工作效率将很难提高，想要取得事业上的成就变得像攀山越岭一样艰难。

红绿外向性格的理想老板

如果老板与你性格不合，即使工作不错也会让你头疼不已；如果老板很对你的胃口，即使职位一般，你也不愿意辞去。红绿性格与其他类型红色性格的人特别容易相处。不过，如果是其他颜色性格的老板，但拥有表 12-3 中列举的品质，也会成为你的良师益友。

表 12-3　红绿外向性格的理想老板

如果符合，请打钩。你的老板：

- ❍ 讲求实效。
- ❍ 为你指明正确的方向，然后放手让你自己去完成。
- ❍ 通过幽默感来建立融洽的关系。
- ❍ 鼓励在工作场所做有趣的事情。

对红绿外向性格具有很强吸引力的职业

就像案例分析中的人士一样，你最喜欢提供自由、注重行动力和解决问题的能力的职业。

需要指出的是，也许你对以下所列的职业并非都有兴趣。但你应该认识到，其中的每一种职业都在某种程度上让你能够施展才华和性格优势，而且，它们确实吸引了大批与你同属红绿外向性格的人。这不是一个完备详尽的列表，但足以说明这些职业偏好的深层规律。如果列表以外的某种职业呈现出类似的规律，那么你从事该职业获得成功的概率就会更高。每个部分括号中的内容，标注出了在这个大类中会带来成功的性格特征。

根据我们的研究，我们预测列表中粗体标注的这些职业，在未来几年里会有高于平均水平的大幅增长。这一结论是基于美国劳工部和劳工统计局公布的数据得出的。这些数据公布在两个部门的网站 O*NET OnLine (www.onetonline.org)和 http://www.bls.gov/CAREER-OUTLOOK/上，并且不断更新。你可以从中了解有关岗位要求和薪酬范围深入全面的信息。

在任何岗位上，任何颜色性格的人都有成功的例子。在并不理想的职位上，你仍然可以打造一片属于自己的天地，发出自己的光芒。

艺术/设计/娱乐/媒体（利用艺术天赋创造具体和实用的产品）

演员/表演者/喜剧演员、艺术总监、声像/多媒体专家、**服装/戏服/布景设计师**、手艺人和艺术家（画家、雕塑家、插画师）、舞者、娱乐的经纪人（演员/表演者）、时尚/室内设计师、电影/电视/舞台制作人、景观建筑师、音乐家、新闻主播、摄影师、广播和电视节目主持人/脱口秀主持人、特效技师、舞台经理、导游/旅游组织者、电视摄影师。

动物护理

动物饲养员/美容师/训练师/服务人员、宠物店老板、**兽医**、**兽医技师**（能够投入感情，关心动物及它们的身心需求）。

商业/金融/法律（能够运用出色的交流和销售能力）

采购员、企业培训师、**多元化经理**、**企业家**、**金融顾问**、**金融证券交易员**（股票、债券、期货）、**保险业务员/经纪人**/索赔审查员、**劳工关系协调员**、**律师**（房地产、诉讼、资产）、制造业销售代表、**市场专员**、**会议和活动策划人**、**公共关系专家**、零售经理、**销售经理**、销售员、小企业老板。

数字化/高科技（在团队协作的工作环境里，能够将设计和技术能力与他人的协助融合在一起）

软件工程师、支持专家、视频游戏设计师。

教育/公众服务（喜欢咨询或教学工作，具有建立融洽关系的能力）

儿童护理工作人员、**儿童**/家庭顾问、社区服务经理、**募款人**、**健康推广人和社区保健工作人员**、**指导协调员**、教师（低年级、特殊教育、音乐、戏剧和艺术）。

急救服务（具有多样性、变化和在高压环境下快速反应的能力）

危机中心工作人员、急诊医技人员/护理人员、消防员、警官。

保健科学（能够认真观察人体的具体细节，并用实用的方法改善健康；帮助病人处理不适和恐惧的状况）

脊椎按摩师、牙医助理/保健专家、牙医、膳食专家、急诊室医生、临终护理人员、妇科医生、实验室技术员、按摩理疗师、护士（特别是急诊室护士）、护理指导员、产科医师、儿科医生、私人健身教练、医生助理、足病医生、初级护理医师、放射科技术员、呼吸治疗师、高级护理人员、言语治疗师、滥用药物顾问、治疗专家（职业、运动、娱乐）、兽医、兽医技术专家/技术员。

餐饮/休闲/酒店/服务（能够务实地处理频繁发生的小问题，善于激励他人，特别是以幽默的激励方式）

赌场经理、主厨/饮食服务经理、巡游总监、餐饮服务员工、旅馆老板/经理、旅行社员工。

政治/选举（具备灵活变通、说服能力、适应选民需求的能力）

所有层次的政界人士。

房地产（擅长在发展迅速的行业里和人打交道）

地产开发商、房产经理、房地产中介/经纪人、房产律师。

科学（喜欢户外工作，保护动物和自然）

环境科学家、地质学家、工业卫生专家、海洋生物学家、动物学家。

体育相关工作（对体育运动感兴趣；具备特殊的运动能力的人特别适合这个行业）

各类职业运动员、运动员教练。

交通运输（与你喜欢刺激、行动、变化和冒险的特性相符）

空中交通管制员、空中乘务员、飞行教官、驾驶员/副驾驶员。

其他

美容师、农民、花商、美发师、机械师、大农场主。

案例分析 4

当职业难以为继时

比尔·劳埃德（Bill Lloyd）天生是一名推销员。大学第一年，他注意到学生们需要花费很多钱购买大学教材，这一发现比父亲让他攻读的工程专业更令他兴奋。于是，比尔想，如果他能阅读所有教材又可以获得报酬，那为什么还要上大学呢？当他退学去一家大型大学教材出版社工作后，父母与他断绝了关系。

他从最底层的工作做起——销售专业极强的书，不久他便成了一个明星推销员。三年之后，他便成长为公司最出色的推销员。不过，麻烦也就此开始了。

比尔被提升为销售经理，负责管理25名全国性的销售人员。他不仅要阅读自己的书目，还要阅读所有推销人员的书目。对此，他很不喜欢。他过去信马由缰的工作方式行不通了。相反，他必须从战略高度思考问题，了解教授们需要何种教材。对注重此时此地工作内容的红绿外向性格来说，这是一个非常陌生的课题。他与人交往的机会大大降低让他感到烦躁不安。他开始怀念过去一个人在全国各地跑来跑去、参加各种会议和斩获大笔订单的经历。

战绩辉煌的一年结束时，公司召开了高级经理研讨会。比尔的老板半开玩笑地说，他们还未取得保时捷的本地特许经营权。其他经理都大笑起来，但是比尔却陷入了认真思考。他联系了保时捷公司，以自己过去与之往来的出色经验说服对方授予他一个地区的特许经营权。

今天，比尔已经拥有了保时捷的特许经营权，在本地一个乡村俱乐部工作，并与父母实现了和解。每天早晨，当比尔走进自己的高档展厅时，他的红色性格都得到极大的满足。他只负责管理两名推销员，并亲自管理着一些客户。他总能在乡村俱乐部发现新客户，而不是等着客户来找他。他总是喜欢说：“准备购买保时捷了吗？这是我的名片。”并总能推销成功。他非常喜欢自己的工作。

你的性格所面临的挑战

红绿外向人士身上存在一些特殊的、潜在的、与工作有关的盲点。下列盲点有些可能与你相符，有些可能与你不符。特别关注这些盲点，可以减少它对你的不利影响。而后，采取更有效的做法，并把这些做法变成你的习惯。（下面的括号中列举了一些建议做法。）

你的性格盲点可能包括：

- 对规则、程序和权威，你可能表现得比较随意淡漠。（这是你职业发展最严重的障碍。你的上级可能需要利用规则和程序来控制他们自己对工作的忧虑。你是否能够在对待这些问题的时候，多些尊重和理解呢？尝试一下，看看你的老板有何反应。）
- 很难进行事先规划，有时无法彻底履行职责。（如果某项职责让你为难，你可能会直接跳过。你讨厌繁文缛节，不愿意打电话取消预约。在职场上，这显得你有时行动前后不一致。写下你的约见安排，如需取消，提前电话通知。）
- 不喜欢紧迫的工作时限要求，重复的工作内容，以及必须独自一人的工作环境。（拒绝接受这样的工作，或是换一份新工作；因为这会让你变得悲观消极、郁郁寡欢。如果避无可避，就想着这些工作任务都很荒唐可笑，这会放松你的心情。如果可能，开会时靠近他人入座。）
- 环境过于严肃，幽默不被认可，这样的环境让你感到沮丧。（你会退缩，变得郁郁寡欢。如果在这样的环境里工作太久，承受太大的压力，你可能会变得愤怒暴躁，甚至言语无状、大发雷霆。）

 你的求职之路——优势和劣势分析

作为红绿外向性格的人，你宁愿出去直接采取行动，也不愿意阅读这部分内容。不过，再忍耐一会儿；我们马上就讲完了。以下这些求职技巧对你找工作会大有助益。

你的性格优势使你很容易：

- 拥有广泛的人际网络，能得到很多岗位信息和岗位推荐。
- 与随和的面试官能够建立融洽的关系。
- 很会自我推销。

为了避免性格盲点带来的不利影响，你需要：

- 强迫自己设定长期的职业目标；向朋友或家人寻求帮助，特别是金色性格的人。（要判断这种性格的人，请阅读第 19 章“金色性格概述”，参考表 19-1。）
- 在接受某份工作之前，从对你个人和你的家庭的影响方面，认真考虑这份工作的长期发展潜力。
- 在急切地到岗入职前，充分考虑这份工作可能存在的负面因素。
- 培养更坚强的心态，不要把拒绝当作对你个人的否定。
- 在求职过程中，对于各个环节的细节都要有始有终，例如，打电话、感谢函、公司调研。如果可以，找一个愿意帮忙的金色性格人士为你出谋划策。

红绿外向性格的面试风格

如果面试官的性格色彩与你的相近，你会马上感到气氛融洽。但如果面试官看起来与你的性格相去甚远，请采取下面括号中提出的建议做法。尽力挖掘你的本色能力，争取更多的工作机会。

你的性格会让你：

- 讲话时讲究策略，充满活力、魅力和幽默感。（你直接展现的魅力可能会让一些面试官害怕。如果你的表现没能起到暖场作用，用严肃的口吻回答几个问题，看看对方是否有所放松。）

- 与他人建立融洽的关系。(如果面试官似乎刻意保持距离，你应该多陈述事实。让面试官来为个人化的交流确定谈话基调。)
- 具体如实地描述你过去的工作职责和成绩。(有时，面试官喜欢问你的感受："你喜欢之前的老板吗？你和同事的关系怎么样？"找一位绿色性格的人帮你角色扮演，提前演练好这样的问题。)
- 关注目前的情况，而忽略未来和战略问题。(你关注当下的能力是你很有价值的品质，但在处理涉及未来的问题时，你的回答可能显得过于简短。回答这些问题时，要放慢节奏，认真思考。并且，要突出你面对突发变故时善于随机应变的能力。)
- 你喜欢直截了当，喜欢行动甚于空谈。(在面试结束时，询问你是否能够得到这份职位，但不要匆忙行事。此时，急躁只能带来不利影响。如果面试官看起来犹豫不决，应果断行动。主动要求试着做一个项目或是试用一段时间。)
- 思维敏捷、反应迅速。(这通常是个加分项。但有些面试官可能想要听到更加深思熟虑的回答。你应不时放松坐好，抬头看看天花板，思考一会儿再做回答。)

好了，现在做点刺激的事吧。如果，我们真的引起了你对性格色彩哪怕一点点的兴趣，过后，再浏览一下第 4 章“绿色性格概述”。如果你想给某人留下勤奋的好印象，阅读第 27 章的“职业发展路线图”。记录下在求职过程中你获取的人脉关系信息，是个不错的选择。

13

红绿内向性格

你不仅是一个红色性格的人，还具有相当强烈的绿色性格辅助特征。经过测试，你是色商内向型，也就是说，你需要独处而非与人相处来恢复精力。你很有可能没有耐心阅读本书，只是为了取悦某人才勉强阅读。所以，我们会尽量让书的内容切实有用。

红绿内向性格概述

热情随和、体贴周到，红绿内向性格的人对人和动物有着非同寻常的感受力。你不需要领导或控制他人，但非常渴望能激励他人。注重工作效率、不过分强调等级观念的小型合作团队，可以最大限度地激发你的工作潜力。如果可能，在工作过程中，你喜欢摆脱他人遵从的标准和规则。

你注重实际、脚踏实地，只相信自己观察所见。拥有特别敏锐强烈的视觉记忆。

你的交流风格是直截了当的。你注重事实，但也喜欢一两则奇闻异事（尤其是幽默好笑的那种）。你随和开朗、喜好娱乐、勇于探索。虽然，在某些时候，你能够做到专注，但你无法长时间保持注意力集中。

你拒绝在压力之下做出决定，总是尽量长时间地考量所有选项。不过，一旦你做好准备，便会迅速作出决定。

在他人眼里，你讲话清晰坦诚、不会隐瞒。在他们的印象中，你沉着镇定、谦逊平和、快乐开朗。虽然你能包容大多数人，但对喜欢发号施令的人非常反感，他们总是坚持要求以“正确方式”做事。

 你的工作状态

作为团队领袖

你以率先垂范的方式领导自己的团队。等级权力结构和对人员进行铁腕管理都不是你的风格。

对于问题和结果，你倾向于团结协作，而不是征服他人。你的第一反应是通过幽默打破紧张气氛。你会发现，其他颜色性格的人比你更看重等级结构。

作为团队成员

你讲道理、通情理，总是能够让他人保持专注。他们信任你，因为你真诚希望完成当前任务，而不是要政治手段。你为团队成员塑造了一个行为典范。

在深入探讨最终决策前，你会倾听所有团队成员的意见。你对持不同意见的人显得过于敏感，这最有可能激怒其他的团队成员。

请参考表 13-1，明确你性格的工作优势。

表 13-1　与工作有关的性格优势

下面列举的性格特征约有 80%可能符合你的情况。将符合的项目勾选出来，并将它们运用于你的求职简历与面试实践中。你的独特表现将会令你从众多古板僵化的回答中脱颖而出。你：

- ❍ 喜欢发起并贯彻变革。
- ❍ 能以合作方式团结他人，共同完成任务。
- ❍ 能为他人提供支持性的反馈信息。
- ❍ 在注重行动力、实践性和非机械重复的工作中表现出色。
- ❍ 喜欢运用策略战胜困难。

- 把创造力和良好的艺术品位带到工作中。
- 不管处于何种级别的岗位上，你都怀有强烈的客户服务意识。
- 独立工作时，效率最高。

案例分析 1

公共事业高级管理者

自 1997 年以来，克里斯托弗 · L · 达顿（Christopher L. Dutton）一直担任位于佛蒙特州科尔切斯特的绿山电力公司（Green Mountain Power）的总裁和 CEO。此前，他曾担任该公司的法律总顾问、首席财务官、财务主管和副总裁。

初入职场时，克里斯是一名辩护律师。他很喜欢那份工作："因为每个案件都不一样。"红绿内向性格的人渴望挑战和非重复性工作，尤其希望自己能够亲身参与其中。因此，克里斯非常适合做辩护律师。在最初的十年里，他一直从事这一职业。

如今，他说："我会抽出 45%的时间关注与我们有关的政策问题，因为我们是一个受监管的公共事业公司。我必须关注外部环境，我们所做的每一个决定都会影响我们购买的每一类电力，或左右我们建设的发电设施。"

他经常处理政治问题。克里斯接掌公司五个月后，一个公共服务委员会做出一项决策，使公司的财务状况陷入极其危险的境地。虽然，红绿内向性格偏爱惊喜和挑战，但这把克里斯推向了职能能力的极限。他将如何应对？我们想到了说服监管者改变主意的办法，同时又能保住他们的面子，不必承认他们其实做了一个错误的决定。红绿内向性格的人能够敏锐地洞察人性，这种能力帮助克里斯的公司渡过难关。

克里斯将另外 40%的时间用于"处理董事会关系，并与金融界、投资人和评级机构周旋。"红绿内向性格的人善于倾听各方意见，再做出决定。在这方面，这一品质对克里斯大有助益。

他将细节问题（红绿内向性格不喜欢细节问题）交由首席营运官玛丽 · 鲍

威尔（Mary Powell）处理。“我认为她拥有我所缺乏的优势。”克里斯说道。

克里斯是如何创造他喜爱的平等工作环境的呢？企业危机爆发初期，在克里斯的推动下，他们卖掉了豪华办公楼，搬到存放电缆、停靠翻斗卡车的服务中心去办公。“我们要大家都在同一层办公，不要私人办公室，仅在必要时安装低矮的隔墙。我们要求所有员工都有同样的办公面积，杜绝秘密活动。”

今天，公司拥有195名员工，其中90名可以看到克里斯和玛丽·鲍威尔办公的身影。克里斯说：“如果我接到一个有关敏感问题的电话，我会稍后致电对方。”

由于要回应多方人员的需要，克里斯知道自己的工作常会遇到各种问题。但是，对于他来说，这些问题只会激励他，而不会让他退缩。红绿内向性格的人既灵活又务实，喜欢解决实际问题。他们重视并拥抱变革，这是克里斯的一大优势，帮助他做好CEO的工作。此外，红绿性格中的灵活性和注重客户服务的意识也起到了积极作用。

开放楼层的办公格局完美地帮助克里斯随时掌握公司运转的脉搏。红绿内向性格的人若能关注事物的人性化特点，他们就会取得成功。然而，作为一名内向性格人士，他必须付出更多努力，应对缺乏隐私带来的不利影响。

克里斯的工作使他充分利用了自己天生的红绿性格优势。他没有必要在工作中假装成功；相反，他的天性本能让他能够正确应对这份工作。

案例分析2

旅馆老板

巴德（Bud）在缅因州拥有一家舒适的旅店，店内有二十个房间。作为旅店老板，他对顾客充满个人兴趣，多年来还能记得他们的名字。缅因州崎岖不平的海岸和小镇的遗世独立吸引了巴德以及他的常客和一些名人。所以任何一个晚上，有艺术家和最高法院的法官来此投宿，隔间而居，都不足为奇。

巴德总是面带微笑，用心倾听。他喜欢经营这家旅馆，但这从来都不是他毕生的追求。

“我从没想过要买下一家旅馆，”巴德回忆到。“离婚之后，我不但丢掉了工作，还失去了房子。有个人给我打电话，希望将这个旅馆卖给我。他知道，我的孩子住在附近一座岛上。于是，我来看了看。我说，‘哇，这可是一笔好买卖。它不仅为我解决了住所问题，还能为我提供一份工作。’我有足够资金，不用贷款便能买下它。于是，我决定就这么干。”红绿性格对意外机会的反应都很积极。

巴德的反应符合他的性格色彩，经营旅馆让他可以灵活安排自己的生活，这一点他的确喜欢。他也喜欢遇到形形色色的客人（作为一个内向的人，他可以借此建立自己的社交生活）。他没有设置住客规则。他说：“你不能因为一个人做了令人烦恼的事情，就制定一项政策。”红色性格在任何情况下都不喜欢政策。

巴德说：“旅馆经营中最让我倍感压力的是那些我无力控制的事情，例如，用电问题。”任何一个大型服务中心都距离他超过 20 英里。小镇的水利设施非常陈旧，也没有警察局。但巴德是个真正的红色性格的人，巴德会直面出现的任何危机。他说：“我是这里水利部门的主席，因为我的用水量最大。”

善于委派工作是巴德拥有的与工作相关的最大性格优势。发挥这项优势主要用于监管自己的客房服务员。

大多数人认为他的生活方式十分浪漫。不过，巴德以红色性格特有的坦诚务实的方式，消除了神秘感。他说：“如果哪位旅馆老板经营失败，主要原因就是他们不实事求是。他们过分浪漫化旅馆老板这一职业。事实上，作为一名旅馆老板毫无浪漫可言。不过，我的确喜爱海滨生活，喜欢眺望海洋，它每天的风景都不一样。”

理想的工作环境

美丽、私密又放松，谁不愿在像巴德的旅馆这样地方工作呢？事实上，某些

颜色性格的人在放松的非正式环境中反而感到不舒服。外向性格的人更喜欢在大开间或者开放的隔断办公区工作。但对你而言，这就是最有效率的工作方式。

在收到工作邀约的时候，充分利用表 13-2 中的内容。

表 13-2　红绿内向性格的理想工作环境

请将你目前的工作环境与下面的描述进行对比。勾选与你情况相符的选项。如果这些描述看起来理所当然，这说明你给自己确定的性格色彩是正确的。其他颜色性格的人，特别是金色性格的人，可能觉得这样的环境不舒服或无法保证工作效率。红绿内向性格理想的工作环境：

- ❍ 放松包容、不拘礼节。在规则、枯燥的文字工作和监管被控制到最低限度的情况下，你的能力将得到最大限度的展现。
- ❍ 人们互相支持，和谐相处。鼓励合作和信任。背后暗算、对立对抗和恶意诽谤让你生厌，无法专心做好眼前的工作。
- ❍ 能让员工立刻着手实事，做出贡献。你需要看到实实在在的结果和产品，非常后悔初入职场那几年所做的徒劳无益的工作。在你看来，开会讨论完全是浪费时间。
- ❍ 富于美感、色彩绚丽。与大多数其他颜色性格的人不同，没有吸引力的环境会让你烦躁不安、情绪低落，工作效率也会受到影响。虽然，以办公环境欠美观为由拒绝一份工作听起来可能有些不可思议，但对你来说，这的确是影响心理健康的重要因素。
- ❍ 允许你拥有私人空间。你是一个性格内向的人，即使拥有高超的人际交往能力，与人相处也会耗费你的精力。如果你不得不和他人在同一个空间工作，那么，当一天的工作结束时，你会感到更加疲惫。在私人空间里，你的思维和工作表现都会更好；如果可能，应该将其作为到岗就职的前提条件之一。

符合以上所有条件的工作环境将是你事业发展的沃土。

对于红绿内向性格的人来说，最糟糕的是那种项目工作总是时间紧迫，且实施微观管理，并强调长期战略思维的环境。日常工作氛围过于严肃；幽默被认为极不合适。在嘈杂的环境中工作会令你感到非常疲惫，你对隐私的真正需求得不到尊重。

当红绿内向性格的人处于这种非理想的企业文化中时，其工作效率将很难提高，想要取得事业上的成就变得像攀山越岭一样艰难。

 红绿内向性格的理想老板

如果老板与你性格不合，即使工作不错也会让你头疼不已；如果老板很对你的胃口，即使职位一般，你也不愿意辞去。红绿性格与其他类型红色性格的人特别容易相处。不过，如果是其他颜色性格的老板，但拥有表 13-3 中列举的品质，也会成为你的良师益友。

表 13-3 红绿内向性格的理想老板

如果符合，请打钩。你的老板：

- ○ 为你指明正确的方向，然后放手让你自己去完成。
- ○ 凭借幽默感建立融洽的关系。
- ○ 鼓励独创性，不认为你随心所欲的工作方式是种威胁。
- ○ 给予你高度的信任。
- ○ 适当关注你的个人生活。

对红绿内向性格具有很强吸引力的职业

和克里斯·达顿一样，你最喜欢活动自由、强调行动力和能够服务他人的职业。

需要指出的是，也许你对以下所列的职业并非都有兴趣。但你应该认识到，其中的每一种职业都在某种程度上让你能够施展才华和性格优势，而且，它们确实吸引了大批与你同属红绿内向性格的人。这不是一个完备详尽的列表，但足以说明这些职业偏好的深层规律。如果列表以外的某种职业呈现出类似的规律，那么你从事该职业获得成功的概率就会更高。每个部分括号中的内容，标注出了在这个大类中会带来成功的性格特征。

根据我们的研究，我们预测列表中粗体标注的这些职业，在未来几年里会有高于平均水平的大幅增长。这一结论是基于美国劳工部和劳工统计局公布的数据得出的。这些数据公布在两个部门的网站 O*NET OnLine (www.onetonline.org)和 http://www.bls.gov/CAREER-OUTLOOK/上，并且不断更新。你可以从中了解有关岗位要求和薪酬范围深入全面的信息。

在任何岗位上，任何颜色性格的人都有成功的例子。在并不理想的职位上，你仍然可以打造一片属于自己的天地，发出自己的光芒。

艺术/设计/娱乐/媒体（利用艺术天赋去创造具体和实用的产品）

演员/舞者/表演者、艺术家（画家、雕塑家、插画师、动画师）、**声像专家**、服装/戏服/布景设计师、手艺人、娱乐经纪人（演员/表演者）、室内设计师、时尚设计师、**电影/视频剪辑师**、**图像设计师**、珠宝商、摄影师、**制片人和导演**、**网页设计师**/艺术总监。

动物护理（能够投入感情，关心动物及它们的身心需求）

动物饲养员/美容师/训练师/服务人员、宠物店老板、**兽医**、**兽医技师**、动物学家。

商业/金融/法律（喜欢为人们提供实用的服务和产品的职业）

会计员、**商业教练**/多元化经理、**保险评估师**/索赔审查员、口译员/笔译员、律师（并不是很有代表性的职业，但在儿童、环境、房地产、贫困和专业辩护中最为常见）、调解员、博物馆馆长、律师助理、产品设计师、公共关系专家、零售商品采购员、零售/体育用品销售员、小企业老板、高级管理人员。

数字化/高科技（具有将设计和技术能力相结合的能力）

电脑游戏设计师、多媒体艺术家和动画师、**软件工程师**、**支持专家**。

教育/公众服务（喜欢咨询或教学工作，具有建立融洽关系的能力）

儿童护理工作人员、**社区服务经理**、顾问（**康复戒毒和药物滥用**）、**健康推广人**、宗教领袖、**社会工作人员**、教师（艺术、戏剧、低年级、音乐、特殊教育）。

急救服务（具有富于多样性、变化和在高压环境下快速反应的能力）

危机中心工作人员/危机热线接听人员、急诊医技人员和护理人员、消防员、警官。

保健科学（能够认真观察人体的具体细节，并用实用的方法改善健康；帮助病人处理不适和恐惧的状况）

麻醉医生、脊椎按摩师、牙医助理/保健专家、医学诊断超声波检验师、营养专家/膳食专家、急诊室医生、妇科医生、家庭保健助手、临终护理人员、实验室技术员、按摩理疗师、护士（特别是急诊室护士）、验光师、儿科医生、私人健身教练、药剂师、医生助理、初级护理医师、眼镜制造商、放射科技术员、高级护理人员、言语治疗师、外科手术技术人员、治疗师（艺术、职业、体育运动、休闲娱乐、呼吸、药物滥用）、兽医/兽医助手。

餐饮/休闲/体育（需要频繁面对各种小危机，能够做出实际有效的反应）

各类职业运动员、主厨/饮食服务经理、旅馆老板/经理、餐饮服务员工、旅行社员工。

科学（具备实用技能，能够适应户外工作并保护环境）

植物学家、地质学家、海洋生物学家、土壤保护专家、动物学家。

房地产（喜欢发展迅速的行业）

地产开发商、房产经理。

其他（注重美感、自然和个人服务）

动物护理、古董商、美容师、航班乘务员、花商、园艺师/景观设计师、美发师、珠宝商、裁缝。

案例分析 3

当职业难以为继时

马洛里（Mallory)是一位红绿内向性格人士、一个优秀的房地产推销员。她喜欢销售过程、喜欢与人打交道。她甚至也拥有红色性格出众的危机处理能力。

但是，马洛里感到了七年之痛。没完没了的陌生拜访和竭力争取客户的紧张工作让她心力交瘁。她很善于谈判，但永远无法自然而然地按老板教授的方式完成销售。虽然，她喜欢与人交往，可是由于内向性格，庞杂的数字让她无法忍受，私密时间的丧失也让她非常烦恼。

马里洛推销的项目之一是一个由数英亩美丽土地围绕着的养狗场。结果，她却向潜在客户指出了这片物业的所有缺点，将他们赶走。最后，她才意识到是她自己想把养狗场买下来。

马里洛动用自己的所有资金买下了这片地产。她搬进了狭小的管理人员小屋里，开始了自己狗狗日托的副业生意。红绿内向性格喜爱动物，对它们的需求非常敏感。同年，她辞去了房地产工作，专心从事养狗生意。本地名人非常喜欢她为狗狗提供的独特且爱意满满的服务。

现在，她的收费相当高，但仍有很多客户排队预约她的服务。

 你的性格所面临的挑战

红绿内向人士身上存在一些特殊的、潜在的、与工作有关的性格盲点。 我们之所以特别强调"潜在"这个词，是因为你不可能具有全部盲点。你可以通过认真观察，选择更为有效的做法，以消除某个盲点的不利影响（括号中的内容是相关建议)。

你的性格盲点可能包括：

- 对他人重视的规则和程序，你可能表现得比较随意淡漠，包括错过最后期限。(这是你职业发展最严重的障碍。你的上级可能需要利用规则和程序来控制他们自己对工作的忧虑。你能够在对待这些问题的时候，多些尊重和理解呢？尝试一下，看看你的老板有何反应。)
- 面对冲突时，你要么回避，要么采取防御态势。(你拥有两个最有利的工具：幽默和务实。控制好交流时的语气。以幽默开场，或对话中加入幽默元素。对于如何解决问题，保持务实的态度。)

- 讨厌无法掌控自己的时间安排和最后期限十分紧迫。（这会让你过度活跃、反应迟钝、悲观消极、郁郁寡欢。如果工作的最后期限总是很紧迫，那么你一定要避免此类工作或者换一份新工作。如果避无可避，就想着这些工作任务都很荒唐可笑，这会放松你的心情。）

你的求职之路——优势和劣势分析

你宁愿到大街上漫无目的的地找工作，也不愿意阅读这部分内容。不过，再忍耐一会儿，我们马上就讲完了。以下这些求职技巧对你找工作会大有助益。

你的性格优势使你很容易：

- 获得有关事业和企业的事实信息，尤其擅长互联网搜索。
- 对于新的机遇，你能快速果断地做出反应。
- 判断一份工作是否符合你的个人价值观。
- 在面试中，详细介绍你过去的职位和成就。
- 重视并适当地感谢别人对你的帮助和职位引介。
- 汇集一群忠实的朋友，数量不用多，让他们为你提供岗位信息和岗位推荐。

为了避免性格盲点带来的不利影响，你需要：

- 强迫自己设定长期的职业目标；向朋友或家人寻求帮助，特别是金色性格的人。（要判断这种性格的人，请阅读第 19 章“金色性格概述”，参考表 19-1。）
- 提前准备可能被问及的问题；通过角色扮演进行演练，而不是临场随便回答。
- 在面试中，不要只是听，要敢于大胆说话，避免显得“过于沉默”。
- 推销你的工作成绩，而不是平淡叙述；进行角色扮演练习以减少面试时的不适感。
- 在求职过程中，对于承诺、最后时限和一些基本任务，都要有始有终。向一个愿意帮忙的金色性格的人求助。（要判断这种性格的人，请阅读第 24 章“调整自我，适应他人，别做傻事”。）
- 求职的过程中，经历过多场面试之后，坚持住，不要仓促做出放弃的决定。
- 大胆请求熟人和陌生人为你提供推荐信和职位信息。你的朋友圈子还是太小了。

红绿内向性格的面试风格

如果面试官的性格色彩与你的相近，你会马上感到气氛融洽。但如果面试官看起来与你的性格相去甚远，请采取下面括号中提出的建议做法。

你的性格会让你：

- 沉着冷静，善于倾听。（面对问题虽短但希望获得详细回答的面试官，你应表现得更加积极主动。练习如何推销自己的工作成绩和展示自己的自豪感，这并非自恋，而是自信的表现。）
- 与他人建立融洽的关系。（如果面试官似乎刻意保持距离，你应多陈述事实。让面试官来为个人化的交流确定谈话基调。）
- 具体详尽、实事求是地叙述过去的职责和成绩。
- 在建立信任前，避免透露个人信息。（刻意保持距离会让你看起来好像有所隐瞒。运用幽默来回旋，如有必要，诚实作答。）
- 过分注重当前局面，忽略未来和战略性问题。（注重当下的特点是你的一大优势，但涉及与未来有关的问题时，你的回答可能显得过于简短。回答这些问题时，要放慢节奏，认真思考。并且，要突出你面对突发变故时，善于随机应变的能力。）
- 喜欢行动甚于空谈。（在面试结束时，询问你是否能够得到这份职位，但不要匆忙行事。此时，急躁只能带来不利影响。如果面试官看起来犹豫不决，应果断行动。主动要求试做一个项目或试用一段时间。）
- 当你的价值观遭到威胁，要敢于直言。（虽然，这可能会让你失去一份工作，但永远不要埋没你的这一可贵品质。你会因此使自己避免为那些不尊重你的企业工作，不至于浪费数年大好时光。）

好了，现在做点新鲜的事吧。如果，我们真的引起了你对性格色彩哪怕一点点的兴趣，过后，再浏览一下第 4 章“绿色性格概述”。如果你想给某人留下勤奋的好印象，阅读第 27 章的“职业发展路线图”。在求职过程中，你可以做点笔记，这将帮助你跟进各个机会。

第 4 部分

蓝色性格：寻求改变

- ❑ 14　蓝色性格概述
- ❑ 15　蓝金外向性格
- ❑ 16　蓝金内向性格
- ❑ 17　蓝红外向性格
- ❑ 18　蓝红内向性格

14

蓝色性格概述

全球人口中约有 10%为蓝色性格。如果你不是蓝色性格，但希望了解如何识别蓝色性格的人，或改善与他们的沟通交流，请参考表 14-1 和表 14-2。

表 14-1　如何识别蓝色性格的人

- 喜欢谈论想法与未来。
- 讲话时，多用复合句。
- 讲话包含很多抽象词汇，措辞准确。
- 清晰直接地表达想法。
- 如饥似渴地阅读。
- 非常好奇。
- 富有竞争智慧。
- 喜欢竞争。
- 通常拥有高学历。
- 不在乎反对意见，或其他人如何看待他们。

表 14-2 如何与蓝色性格的人相处

- 保持公事公办的关系，避免闲聊，交流时简明扼要。
- 认可聪明才智。
- 强调你的能力；多用复杂词汇。
- 展现“宏观大势”。
- 概括理论框架。
- 提出比较研究。
- 少说事实和细节；在执行摘要中只写要点。
- 展示你的新想法或新解决办法的长期潜力。
- 发挥独创性和逻辑性。
- 允许蓝色性格的人提出挑战和大胆质疑。
- 不要把批评和挑战当成人身攻击。这些其实是对正在讨论的主题颇有兴趣的表现。
- 与他们比拼竞争智慧。
- 避免情绪化的处理方式，不要说“感觉”或“相信”这样的词语。
- 不要为蓝色性格的人制定策略，而应与他们一起制定策略，有效利用他们提供的信息。

希拉里・罗德姆・克林顿（Hillary Rodham Clinton）是美国最有趣的女性之一，也是最为人熟知的蓝色性格人士（在 4 种性格色彩中，蓝色性格是数量最少的）。希拉里曾是阿肯色州州长夫人、美国第一夫人、纽约州联邦参议员，担任过美国国务卿，也是 2016 年总统大选中民主党的总统候选人。

希拉里成长于伊利诺伊州的帕克里奇。在人们的印象中，她是一个自信果断、目标明确、意志坚定的小女孩，这些都是蓝色性格的天生特质。她总是不知疲倦地工作，并且一直是一个超级优等生。中学时期，她荣获全国优秀学生称号。她的老师们注意到她具有非凡的信息接收能力，能够充分阐释一个观点，但在获得不同的新信息之后，她又会适当地调整想法（这也是蓝色性格的核心能力）。

高中毕业时，她被票选为最有可能成功的学生。她在威尔斯利学院（学生团体主席）和耶鲁大学法学院依旧取得了不俗的成绩。

初入职场时，她的蓝色性格起到了重要作用。1974 年，她成为弹劾理查德・尼克松总统调查小组的一员。每周七天，每一天她都从黎明工作到深夜。这一时期，

人们对她的印象是“坚忍不拔、尽职尽责，在一间能够看到走廊的散发着霉味的办公室里刻苦工作”。这体现了蓝色性格的典型特征。为了自己感兴趣的问题，他们能够勤奋地工作，即使在阴沉压抑的环境中也能任劳任怨地履行职责。

那个夏天，比尔·克林顿（Bill Clinton）竞选阿肯色州议员，希拉里加入了他的竞选团队，并对这位年轻有为的政治家产生了感情。克林顿的竞选经理保罗·弗雷（Paul Fray）与这个性格固执的年轻女人在竞选策略上产生了分歧。保罗认为这是他的职权范围之事，但是后来又不得不承认“她是一个天才的组织者”。作为第一夫人入主白宫期间，希拉里帮助丈夫制定并阐明了战略方针。她追求的个人目标（医疗改革、儿童的法律权利）都体现了蓝色性格的典型品质：长期性、战略性和抽象性。为了实现自己的工作计划，希拉里过去和现在都不惧于冒犯他人。莫尼卡·莱温斯基（Monica Lewinsky）丑闻爆发受到国际媒体的高度关注，她与比尔·克林顿持续了20年的婚姻也遭遇了严峻考验。但是，他们的婚姻并没有结束，很多人想知道原因。如果从色商角度考虑，答案其实很简单。希拉里属于蓝金性格，比尔则是红绿性格。[请注意：他们两人均未参加过迈尔斯—布里格斯性格类型指标测试，也没有接受过色商自我评估。但是，迈尔斯—布里格斯学会著名的气质专家大卫·凯尔西（David Keirsey）对他们进行了分析推测。本书作者之一索亚·泽奇（Shoya Zichy）通过与希拉里的私人会面也给出了判断。这些结果得到了大量研究资料、记者客观谈话和希拉里私人朋友的支持。] 比尔喜爱政治，希拉里则喜欢制定政策。比尔学习特别快速，而希拉里和多数蓝色性格的人一样，思考有深度，且做事很专注。比尔善于寻找折中妥协之道，希拉里则像典型的蓝色性格那样善于权衡不同策略。比尔长于原谅与忘记，希拉里则善于铭记和记录得失。比尔以红绿外向性格的狂热奔放扎入人群之中，希拉里虽然主动与人接触，但仍然保持着蓝金性格的冷静距离。比尔凭借直觉工作，而希拉里听从逻辑分析的指引——这是蓝色性格的另一个品质。比尔以善于冒险著称，蓝色性格的希拉里则小心谨慎地对待风险。这两个人的结合是“相异相吸”的典型例子。而且，二人以非常重要（和紧密联系）的方式互相补充、促进，共同面对各种挑战。当结束美国第一夫人的历史使命后，希拉里的表现在所有蓝色性格人士看来都非常自然：她掌控了主动。她选择竞选美国国会参议员，并巧妙利用自己的政治关系和知名度成功当选。2006年，本书的第一版还在创作过程中，我们写道，“在写作这部分内容时，她还在精心选择议题，有策略地将自己置于公众焦点之中，为最终竞选美国总统积极准备、增加筹码”。我们仅仅根据对她性格类型的评估做出的判断，被证明是完全正确的。

政坛中其他著名的蓝色性格人物还有马德琳·奥尔布莱特（Madeleine Albright）、凯瑟琳大帝（Catherine the Great）、德怀特·戴维·艾森豪威尔（Dwight David Eisenhower）、阿尔·戈尔（Al Gore）、托马斯·杰斐逊（Thomas Jefferson）、亚伯拉罕·林肯（Abraham Lincoln）、南希·佩洛西（Nancy Pelosi）、康多莉扎·赖斯（Condoleezza Rice）、撒切尔夫人（Lady Margaret Thatcher）。微软创始人比尔·盖茨（Bill Gates）、IBM的路·郭士纳（Lou Gerstener）、商业大亨和发明家伊隆·马斯克（Elon Musk）、脸书（Facebook）的马克·扎克伯格（Mark Zuckerberg）是企业界蓝色性格的代表。乔治·卡林（Jeorge Carlin）、马特·达蒙（Matt Damon）、席琳·迪翁（Celine Dion）、沃特·迪斯尼（Walt Disney）、米亚·法罗（Mia Farrow）、蒂娜·菲（Tina Fey）、朱迪·福斯特（Jodie Foster）、乌比·戈德堡（Whoopi Goldberg）、瓦莱丽·哈珀（Valerie Harper）、汤姆·汉克斯（Tom Hanks）、凯瑟琳·赫本（Katharine Hepburn）以及梅丽尔·斯特里普（Meryl Streep）是娱乐界蓝色性格的代表人物。花旗银行前主席约翰·里德（John Reed）、大投资家乔治·索罗斯（George Soros）和查尔斯·施瓦布（Charles Schwab）是金融领域里的杰出蓝色人士。阿尔伯特·爱因斯坦（Albert Einstein）则是学术界的蓝色性格典范。

只需看一眼伊隆·马斯克联合创办和掌管的几家公司，你就会知道他弟弟对他的评价：“他的心思全都系在改变世界这一个念头上”，非常准确。马斯克创办了太空探索技术公司（SpaceX）。这是第一家私人空间探索公司，并与美国宇航局（NASA）签订了价值16亿美元的合同，往太空运送补给，并将宇航员送往国际空间站。他还创办了特斯拉汽车公司，成为电动汽车行业的首家私人公司。他还和彼得·泰尔（Peter Thiel）共同创办了贝宝（PayPal），改变了全世界数百万人进行商业交易的方式。与其他颜色性格的人相比，蓝色性格的人更倾向把金钱当作体现自我价值的一种手段。对于这一点，马斯克没有什么好担心的。2016年，他的净资产已达到124亿美元。蓝色性格的人着眼于遥远的未来，并能比其他颜

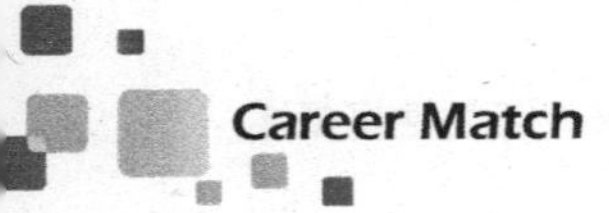

色性格的人看到更多东西。“我创办太空探索技术公司是因为，如果我们不为了移居到其他星球而努力的话，那么，也就是我们要把自己的命运托付给地球，直到发生一个灭绝大事件，把整个人类种族彻底消灭。”伊隆说道。

嘉信集团创办人和主席查尔斯·R.“查克”·施瓦布（Charles R. “Chuck” Schwab）是一个蓝色性格的人。他凭借自己的才能设计出一个新系统，并因此致富。嘉信集团是一家行业领先的金融服务公司，拥有 330 家事务所，1 010 万个委托人账户，管理着 2.69 万亿美元的客户资产。20 世纪 70 年代，施瓦布开始创业。当时，他背负着 10 万美元的债务，并正在与妻子办理离婚。但是，他注意到了婴儿潮，想到这意味着：到 2010 年，28%的美国人口将会步入 45 ~ 64 岁这一临退休年龄段。因此，20 世纪 70 年代末，他对前互联网功技术进行了大笔投资。这是一个“赌上公司命运”的决定，也为施瓦布进军互联网贸易和投资领域提供了关键机遇。需求和技术，二者共同催生了一个万亿美元规模的产业，而查克·施瓦布也成了亿万富翁。实际上，他的资产已超过 60 亿美元。

2005 年，《财富杂志》对施瓦布的描述是“注重隐私、保持距离”。他表现出典型的蓝色性格品质，重视体系以及体系的改善。退休之后，施瓦布再次担任了公司的 CEO，他指定的接班人被认为“并非真的怀抱梦想，且没有蓝天一样广阔的头脑”。而且，21 世纪的头几年里，公司发展也遭遇了困难。蓝色性格的人是世界上最有远见的一群人。公司当时正需要这样的人。他计划继续担任 CEO 到 2008 年，确保公司突出优势、改善内部流程。这样，公司就能像他喜欢说的“始终滑到冰球所在的位置”。直到本书写作时，他仍是他一手创办的这家公司的主席，且是最大股东。他把部分个人财富转入“查尔斯·施瓦布和海伦·施瓦布基金会”。该基金会是他在退休前十年建立的，资产为 2.7 亿美元，提供 1 300 万美元用于支持那些致力于帮助年轻人充分挖掘其潜能的机构，以及减轻他的家乡加利福尼亚州和其他地区的人们遭受的苦难。属于蓝色性格的你，会批评任何图书所提出的每一个观点。你更喜欢以理智而非情感的方式处理问题。但是，如果你希望了解如何更有效率地工作，以及如何有效地和其他性格类型的人合作，那么，这本书将是你解开这些秘密的钥匙。色商理论会告诉你如何应对你生活中最情绪化和最混乱无序的人群。它会告诉你，当所有的努力都失败后，你该怎么办。阅读本书最合理的方式是，首先阅读与你所属的性格色彩有关的部分，以及根据需要，浏览其他色彩的内容，由此学会如何与他们相处。你应特别留意红色性格的人，因为，你最有可能与他们发生冲突。因为他们总是以当前现实为中心，在其私人和职业生活中，都未将工作的最后期限和工作职责视为重要的指导方针。然而，与单打独斗相比，若得到红色性格人士的帮助，你将取得更大的成就。利用好他们善于在混乱的团队、部门或公司中处理危机的能力。当策略性的、以未来为导向的逻辑思维行不通时，你可以借鉴他们着眼当前的思考方式。

通过阅读本章，你可以判断自己通过测试确定的性格主色是否正确。本章还可以帮助你判断在你周围哪些人属于蓝色性格，第 24 章“调整自我，适应他人，别做傻事”也有这样的功能。为了帮助其他颜色性格的人识别判断出蓝色性格的人，并更好地与之相处交流 ，我们增加了表 14-1 的内容，列举了一些识别方法。

15

蓝金外向性格

你不仅是一个蓝色性格的人，还具有相当强烈的金色性格辅助特征。经过测试，你是色商外向型（Color Q Extrovert），也就是说，你需要通过与他人相处来重振精神，而不是通过独处来恢复精力。这种性格类型的人遇事果断，是事情发生发展的主要推动者。你终身都在学习，而且信息灵通。如果你真对本书产生了一点兴趣的话，很有可能已经在挑战和批评这部分概述的内容了。请不要忽视一个事实，这套概述体系的基本要素已在全球进行了近 70 年的研究，并经由许许多多不同年龄、不同性别、不同种族、不同社会经济背景的人亲身验证，确认切实可行。

蓝金外向性格概述

你富有活力、精明强干、天资不凡，在项目工作的每一个环节，从初始创意到具体实施，都占据主导地位。随着项目的推进，你出色强大的战略决策能力、制订计划（和应变）能力及控制监管能力都得到充分展现。与其他颜色性格的人相比，蓝金外向性格的人能在更广泛的职业领域里施展才华，表现出色，因为你坚持终身学习，具有极强的逻辑性和优秀的执行力。

你拥有的两项核心优势——强烈的控制欲望和出色的领导才能，可以帮助你快速晋升至高层。你坦诚、直接、直觉而专注的交流风格，使你成为一个具有很强的执行力的得力干将。但有时，你会对周围的人表现出过强的挑战性和距离感。大多数其他颜色性格的人都无法适应你冲天的干劲，因此，你的整个团队都会感到不舒服，甚至会反抗你。

抽象的理论、未来的预测和大胆新颖的设计是你擅长的领域。现有制度和假设只是更进一步的起点。你制订的长期计划包含许多他人未能看到的想法。如果这些计划导致了一些需要解决的复杂问题，那就太好了！你不仅会动用所有必要的资源，还会很乐意把这些问题一并解决。

如何管理与控制他人对你的反应，是你面对的最大挑战。这方面，你性格的优势是你说话时口齿伶俐、生动形象、信心十足。你通过清晰的逻辑和充分的说理来说服他人。而劣势是，如果他人重视一些你认为无关紧要、冗长累赘和显而易见的事情，你就会很不耐烦。对于那些对你感到害怕的人，你会立刻轻视他们。你无法想象他们为何会将竞争或辩论当成私人恩怨。

要想成为一名高效的领导者或团队成员，你必须了解哪种颜色性格的人会将此类事情个人化，而后，在与他们交往的过程中适当改变策略。他们的反应源自其深层的核心品质，这让他们拥有不同于你的（有用的）能力，而且，这是无法因为选择和意志而改变的。

案例分析 1

青年 INC（Youth INC）执行总监

蕾哈娜·法瑞尔（Rehana Farrell）是青年 INC 的执行总监。青年 INC 是一个非营利性的慈善企业，通过支持壮大基层的非营利性组织来服务纽约市的孩子们以及他们的社区，由此改变他们的生活。

蕾哈娜是一个建设开创者。她喜欢开拓新的业务、新的功能，组建新的团队。她在思想上掌管着其工作的每一个方面，她总在考虑如何才能把工作做得好上加好。她唯一不喜欢的就是裹足不前，或一成不变。

作为执行总监，或者称为首席执行官 ，她喜欢有许许多多各种各样的事情等着她处理。从如何提升部门的销售能力，到由35个人组成的董事会如何进行关系管理，从如何提高内部运作的效率，到如何与超过60个服务青年的非营利性组织协作，她对每一件事情都充满兴趣，特别是如何让不同的事物结合在一起，共同发挥作用。这就涉及团队管理。她对学习人类行为热情十足，并积极通过优化程序和培育文化使团队能有最优的工作表现。

与大多数蓝金外向性格的人一样，最令蕾哈娜感到激动的是能够带来广泛影响的系统层面的概念。她重视机构内各个层面的创新。蕾哈娜喜欢用蓝色性格的方式专注于宏观大局，但由于其性格辅色为金色，因此，她也赞赏那些真正能够带来变革的执行和程序上的改进。

蕾哈娜既是一名实干家，又是一名思想家。她把自己视为“服务型领导”，工作职责就是激励她的员工，并帮助他们都取得成功。她非常重视自己对机构、项目或目标的责任和承诺。如果你也是如此，那么她会110%地支持你。如果，你不认同这些，那你可以试试别的工作，也许会更适合你。

你的工作状态

作为团队领袖

“我不接受‘不’这样的答案。”这可能是蓝金外向的人最常说的一句话。一旦形成了某种观点，你就会马上采取行动、调动他人的积极性、消除迷惑和怠惰、做出艰难的决策。很好地理解组织的内部工作机制，是你的特殊能力，你能够利用大多数官僚机构成功地实现自己的最终目的。

你经常最先发现不相关的事实与想法之间的关联，这使你在处理全局性问题时，更有优势。你常常先于他人认识到新想法的潜在价值，而你的公司会因此获利。

作为团队成员

即使作为团队成员，你天生的领导才能也十分突出。你着眼全局的能力和激励团队实现目标的能力会自然地展现出来。你直接明确问题的核心能够帮助团队节省时间。为了按期完成任务，你会鼓励（并努力实现）高标准，避免浪费资源，甚至宁愿考虑未经尝试的新方案也不会坐等失败。

你过强的控制欲和为了完成任务有时给他人施加太大压力，这可能会招致其他成员的反感。

请参考表 15-1，了解你性格的工作优势。

表 15-1　与工作有关的性格优势

下面列举的特征约有 80%与你的情况相符。将符合的项目勾选出来，并将它们运用到你的求职简历和面试实践中。你的独特表现将会让你从其他人古板僵化的回答中脱颖而出。你：

- ❍ 友好直爽、精力充沛。
- ❍ 能纵观全局，形成极具吸引力的远见卓识，并能让想法变成现实。
- ❍ 喜欢在分析问题时将不相关的要素联系起来，并发展出新的系统、方案。
- ❍ 愿意并强烈渴望带头应对富有挑战性的复杂问题。
- ❍ 以任务为导向，组织工作。
- ❍ 始终追求更好。
- ❍ 能做出艰难的合乎逻辑的决定。
- ❍ 能看到自己的决定带来的长期结果。
- ❍ 无论你是不是团队领导，都积极推动团队实现目标。

现在，我们来看看一些蓝金外向性格的人是如何在不同的领域发挥性格优势的。

案例分析 2

首席执行官

没有人能够刺破迈克尔·艾萨克斯（Michael Isaacs）的气球，至少短期内不会有。迈克尔是美国气球公司的 CEO，该公司是美国最大的气球及配件批发商。当年，迈克尔以 750 美元创办了这家公司；如今，它的年利润已经高达 3 000 万美元，拥有 100 名员工，产品目录有足足 592 页。

迈克尔认为，他要对与公司业务有关的所有人员负责，其中包括公司员工、供货商、顾客和银行家。他说："我为公司制定发展方针，选定目标市场，设定利润目标。"

虽然，他更多地将自己视为一名创业者，而不是管理者，但仍在非常努力地提高自己的管理能力。他说："重点是，我尽力聘请最好的团队来完成工作。"

最初，迈克尔是一名初中理科教师。那时，他总会做一些副业来增加家庭收入。他的气球生意是从在购物中心售卖气球开始的。之后，这项事业越做越大，他便辞去教师工作，专职经营气球生意。迈克尔将成功归于他天生的"坚持、韧性和说服力，能将自己的愿景转变为行动计划的能力，以及对结果总是严肃认真进行测算"。

当他的团队表现出色时，迈克尔的情绪也最为高涨。他喜欢以团体而非个人方式与他人打交道，这是蓝金外向性格的一个典型特征。根据他的性格色彩，他还喜欢金融和会计，并且对自己工作的方方面面都充满了兴趣。他说："我试图改进每一个环节，尽管改进可能非常普通。不过，总有更快、更低廉、更好的做事方式。"

迈克尔对成功有自己的定义，并实现了自己眼中的成功。他说："我所做的事情必须给我的家人、雇员和其他利益相关者带来经济效益。"除此之外，在迈克尔看来，成功还要被同行和客户认可，同时还要被当作一种知识资源。美国气球公司是最大气球生产商的铝箔气球经销商，同时也是美国最大的派对商店连锁集团的最大供应商。从这家连锁集团还是一家只有两家店，没有配置电脑的初创企业开始，美国气球公司一路支持它发展成如今拥有超过800家门店的大集团。"真是无心插柳柳成荫。"迈克尔说，"这家大型派对连锁集团竟收购了那家大型铝箔气球生产企业。然后，他们又收购了我们，专门为他们全国的气球经销需求服务。我已经71岁了，手握一份3年的工作合约，如果我要退休的话，我想这也不失为一种轻松过渡到退休状态的好方法。"

理想的工作环境

像蕾哈娜·法瑞尔一样，如果你的周围充满能力出众、独立自主、如期完成任务的人，那就表明你身处一个合适的环境。你的上司也必须能力出众、表现专业，并给你足够的尊重，让你能够独立工作。

在收到工作邀约的时候，充分利用表 15-2 中的内容。

表 15-2 蓝金外向性格的理想工作环境

请将你目前的工作环境与下面的描述进行对比。如果这些描述看起来理所当然，这说明你给自己确定的性格色彩是正确的。其他颜色性格的人，特别是绿色和红色性格的人，可能觉得这样的环境不舒服，也不利于提高工作效率。蓝金外向性格理想的工作环境：

- 营造要求高和竞争激烈的工作氛围。
- 工作标准高。
- 上司和同事都能力出众。
- 鼓励采用创造性方法解决长期问题。
- 奖励创新力和进取心，不提倡循规蹈矩。
- 为你提供上升空间，有成为领导的机会。
- 有利于你处理他人的情感反应。
- 颇具声望，有望改革。

对蓝金外向人士来说，最糟糕的莫过于官僚气十足、充斥着敏感人群，需要你抽出大量精力应付的工作环境。这种环境过分强调细节工作，却忽略了长期思考和战略分析。

当蓝金外向性格的人处于这种非理想的企业文化中时，其工作效率将很难提高，想要取得事业上的成就变得像翻山越岭一样艰难。

蓝金外向性格的理想老板

如果老板与你性格不合，即使工作不错也会让你感到沮丧和挫败；如果老板很对你的胃口，即使职位一般，你也不愿意辞去。蓝金性格与其他类型蓝色性格的人特别容易相处。不过，如果是其他颜色性格的老板，只要拥有表 15-3 中列举的品质，也会成为你的良师益友。

表 15-3　蓝金外向性格的理想老板

如果符合，请打钩。你的老板：

- ○ 受到你的尊重。
- ○ 喜欢开诚布公地交流观点，不会将辩论看成对他个人的挑战。
- ○ 看重你的独立和活力。
- ○ 给你充分的自主权。
- ○ 帮助你处理他人情绪爆发的情况。
- ○ 保护你，让你尽可能地远离官僚作风和细节性工作。

对蓝金外向性格具有很强吸引力的职业

蓝金外向性格的人较多在能够提供智力挑战、解决复杂的理论性问题的机会以及掌握新技术的机会的领域工作。在这些工作中，常规性和重复性的工作被压缩到最少；愿意冒险和原创项目占据主流。享有自主权、竞争激烈，并让你与敬重的人一起工作，这样的工作会带给你最大的满足感。

需要指出的是，也许你对以下所列的职业并非都有兴趣。但你应该知道，其中的每一种职业都在某种程度上让你能够发挥性格优势，而且，它们确实吸引了大批与你同属蓝金外向性格的人。这不是一个完备详尽的列表，但足以说明这些职业偏好的深层规律。如果列表以外的某种职业呈现出类似的规律，那么你从事该职业获得成功的概率就会更高。每个部分括号中的内容，标注出了在这个大类中会带来成功的性格特征。

根据我们的研究，我们预测列表中粗体标注的这些职业，在未来几年里会有高于平均水平的大幅增长。这一结论是基于美国劳工部和劳工统计局公布的数据得出的。这些数据公布在两个部门的网站 O*NET OnLine (www.onetonline.org)和 http://www.bls.gov/CAREER-OUTLOOK/上，并且不断更新。你可以从中了解到，有关岗位要求和薪酬范围深入全面的信息。

在任何岗位上，任何颜色性格的人都有成功的例子。在并不理想的职位上，你仍然可以打造一片属于自己的天地，发出自己的光芒。

建筑/法律（充满智力挑战，需要很强的控制力，能够解决复杂问题，具有高标准）

建筑师、**律师**（尤其是企业、就业、娱乐、遗产规划、知识产权、并购和收购、产品责任、项目融资、证券及其他方面）。

商业/管理（为人果断、专注、有领导能力，坚持高标准，具有解决复杂问题的能力、远期战略思考的能力、天生的领导才能）

首席执行官、**特许经营**/小企业主、保险业务员/索赔审核员/核保人、**经理/各种类型的执行总监**（营销、金融运作、人力资源、销售、培训与开发）、房地产经理、高级管理人员（私营企业/政府服务/艺术和娱乐）。

商业/金融（充满智力挑战，相信直觉，具有战略思维和解决复杂问题的能力、需要很强的控制力，喜欢竞争，有永不满足的好奇心，消息灵通，具有逻辑思维，善于做出艰难的决定）

会计、各种类型的银行家、**经济学家**、**金融规划师**、**投资银行家**、**投资/证券经纪人**、抵押贷款经纪人、风险投资人。

计算机/信息技术（善于掌握新技术，具有解决复杂或理论性问题的能力，自主性强，具有长期计划能力，洞察未来的可能性，提出大胆新颖的设计，能进行应急规划，需要控制力）

人工智能设计师、首席技术官、计算机公司执行官、计算机程序员、计算机系统分析师、数据库经理/管理员、信息研究人员、信息安全专员/经理、信息系统经理/管理员、信息技术项目经理、物联网方案架构师、移动应用开发者、网络架构师/管理员、软件开发者。

咨询（自主性强，具有解决复杂问题的能力，善于掌握理论和洞察未来的可能性，具有长期计划的能力）

行业心理师/组织发展专家、管理顾问。

教育（喜欢与优秀的人打交道，能够规划长期愿景，善于战略规划，很少执行常规任务，自主性强，辩论能力强）

教育管理人员、高等教育教师/大学教授（尤其是法律、政治学、科学或社会科学）、大学校长。

政府/公共管理（能够解决复杂问题，具有长期规划的能力，受到社群的尊敬）

社区服务经理、应急管理主管、消防检查员、政府服务执行人员、法官、城市和区域规划人员。

保健科学/人类社会服务（充满智力挑战，有领导机会，受到社群的尊敬）

麻醉医师、牙医、内科医生、医疗健康服务经理、神经学家、验光师、慈善/社区服务执行人员、精神科医师、放射科技术员、外科手术医生、兽医技术员。

科学研究/工程/数学（有永不满足的好奇心，需要控制力，能够应对混乱和低效的问题，能够解决复杂的问题，能和你尊敬的人打交道）

工程师（航空、农业、生物医药、化学、土木、环境、地质、卫生与安全、工业、机械、纳米技术）、工程经理、地球学家、微生物学家、政治学家、统计学家、风力发电设计师。

案例分析 3

后来居上的成功：美国百强律师事务所律师

凯特·伯克（Kat Burke）的故事是一个克服万难，终于成功的故事。尽管，色商理论体系并不测试个人的职场韧性（在这一点上，凯特表现出色），但有关于动态活力和领导能力的测验判断。凯特充分运用这两点，加上她蓝色性格天生的策略分析能力，闯出了一条后来居上的职业成功之路。

为了逃离不幸的婚姻，18 岁的高中辍学生凯特需要一份工作。但她的简历乏善可陈，只有曾在集体之家生活过、曾在大街上流浪过、曾在国内各地靠搭便车旅行过，以及当过服务员。但是，蓝色性格的人不会长期穷困潦倒。

服务员的工作既让她经济困窘，又让她面临丈夫的暴力威胁。强大的逻辑能力为她指出了一个能够让她走得最远的选项——不仅远离她的过去，也会把她带往未来。她参加了美国陆军，只为获得教育机会。（蓝金性格的人，无论他们何时才开始自己真正的人生，都对终身学习怀着源源不竭的热情。）重拾自尊自信的同时，她把目标锁定在法学院。最终，她被宾夕法尼亚大学录取。

她凭借暑期实习时的出色表现，得到了一份结构性金融领域的全职工作。但 2008 年的金融危机使她失去了工作。凯特重新出发。她得到了一份书记员的工作，为一位刚被委任监管莱曼兄弟公司破产程序的法官工作。她到职的第一天，就一头扎进这一在当时看来是有史以来最大的破产案件中。

尽管有如此出色的表现为简历加分，但职位调整和金融危机一样难以捉摸，第二年，凯特再次丢了工作。她之前曾在一个印第安部落赌场工作过，这为她带来了在另一个部落工作的罕见机会。她的蓝金性格对掌控自己人生的需要，推动着她抓住其他人无法辨识出的机遇。

就在此时，她的室友收到录取通知，将去伦敦攻读研究生学位。她们分开生活，直到一年多以后，凯特决定到伦敦去寻求机会。通过一个法律猎头的介绍，凯特在全球利润最高的一家律师事务所得到了一个工作地点在伦敦的职位，负责组织重构。

凯特用一种蓝色性格典型的方式，不断提高并综合利用自己的能力，让她尽可能地攀上自己的职业高峰。“我很善于纵观全局，并且很清楚要做些什么来实现全局目标，”她这样说，“遇到问题，我通常会想出许多不同的解决办法，且常喜欢用独创的，有时甚至是不曾实践检验过的方法。”但她的辅助性格色彩是金色。她承认：“在一个重构的机构内争取到一个职位，是一件相当了不起的事情。如果我没有关系深厚、愿意助我一把的社会人脉关系网，没有来自家庭和朋友的支持，我是无法做到这一点的。”

你的性格所面临的挑战

蓝金外向性格的人对工作存在一些特殊的、潜在的盲点。以下列举的特点有些与你相符，有些不相符。没有人会遇到列举的所有问题。请特别关注这些盲点，减少它对你的不利影响。而后，采取更有效的做法，并把这些做法变成你的习惯。（下面的括号中列举了一些建议做法。）

你的性格盲点可能包括：

- 你做决定时可能过于草率，忽视了实际考虑的一些因素。（聪明才智无法替代实践经验。如果你下决心去关注现实，你也能在务实方面做得非常好。特别是在初入职场时，草率行事会导致效率低下。）
- 你可能过于鲁莽、严厉或死板。（每个人都需要同盟。尽管有些人可能显得能力欠佳，智能稍弱，与他人疏远终是一种战略性错误。耐心是长久的美德。）
- 你可能对人性的需求和忧虑关注不足。（学习情感中隐藏的智慧。情感是每一个成功产品和每一个成功团队的基本支撑，其重要性不亚于那些最出色的战略性思考。每天一次，要求自己去理解体谅他人。）
- 你可能会利用、操控他人来实现目标。（要应付官僚的体制，并把握好方向，闲话少说、直奔主题的办事方式可能很有吸引力。但如果那些人意识到你在利用、操控他们，你将付出如入地狱般的惨痛代价，而且，你再也没有第二次机会。）

 你的求职之路——优势和劣势分析

蓝金外向性格的人能够制作出信息准确和展示美观的简历，收到招聘方给予的积极回复。面对某些面试官，尤其是蓝色和金色性格的面试官，你会感到一种亲切融洽的气氛。但是，如果面试官属于其他色彩性格，对于那些可能让你不太舒服的问题，你应做好准备，演练如何对答。很多人力资源部门的工作人员属于绿色性格。在第一轮面试前，请阅读第 4 章"绿色性格概述"，学习如何有效地与这种性格的人沟通交流。

你的性格优势使你很容易：

- 制订一个极具创造性的求职计划，以便有条不紊地实施。
- 对求职成功性较大的公司进行充分研究。
- 拥有广泛的人脉网络，通过他们获得求职信息。
- 你的活力、眼光和能力会给初次接触的人留下良好印象。
- 预测未来的需求和趋势，可能由此为自己创造新的工作岗位。
- 制定时间表、每日状况报告和求职预算，以减轻自己和家人的压力。
- 以富有创造性和讲究策略的方式应对困难障碍。

为了避免性格盲点造成不利影响，你必须：

- 认真想想你能为那些帮助你的人做些什么来回报他们；你的人脉网络有时会失灵，因为你太过自私自利。
- 多回答些内容、多倾听一会儿，为你唐突生硬的行事风格做些铺垫。
- 学着控制你容易给人留下傲慢自大印象的那些行为。与一个愿意帮助你的绿色性格人士角色扮演，练习改正。
- 注意求职过程中的个人因素，例如，与面试官建立融洽和谐的关系，发送感谢信等。
- 利用求职过程中的细节锻炼你对行政任务缺乏耐心的毛病，请一位金色性格人士为你提供帮助。
- 利用你的创造力和战略思考能力，解决意料之外的拖延和障碍。
- 首先考虑工作对家庭和个人生活的影响，然后再决定是否入职。

蓝金外向性格的面试风格

如果面试官的性格色彩与你的相近，你会立刻感觉相处融洽。然而，如果面试官看起来与你的性格相去甚远（从统计学角度看，这种可能性很大，他们通常具有绿色性格特征），请采取下面括号中提出的建议做法。尽力挖掘你的本色能力，争取更多的工作机会。

你的性格会让你：

- 注重未来战略。（做好准备以同样的热情处理更多普通问题，不要总是将话题扯向未来。）
- 有许多明确的长期目标。（还需练习谈论你将如何“脚踏实地”地推进计划实施。）
- 自己说得太多，但针对职位的提问较少。（如果面试官已经沉默了很久，你应马上停止“独白”，让他问一些问题，引导谈话方向。提前针对岗位准备一些问题，以便在面试过程中参考。）
- 可能会忽略企业文化中的一些关键因素，而这将对你产生重要影响。无视企业文化会导致灾难性的后果。（与一个愿意帮忙的绿色性格的人重复演练面试过程，他会帮你找出这些不容易看出的问题。）
- 发挥逻辑思考能力，认真考虑一个工作机会的优势和劣势。（绝对不要当场接受一份工作邀约。回到家里，深入全面地考虑这份工作将会对你的家庭和你个人的生活产生哪些影响。）

如果，在你批评完这部分内容之后，认为我们所说的内容还算有道理，足以让你觉得阅读本章的时间物有所值，那么，请阅读第 19 章“金色性格概述”。之后，仔细阅读第 4 章“绿色性格概述”，为求职面试做好准备（因为大部分人力资源工作人员属于绿色性格）。另外，如果在工作中或生活中你需要和红色性格的人打交道，也请阅读第 9 章“红色性格概述”。

如果你正在努力寻找工作，阅读第 27 章的职业发展路线图。记录你的优势和策略，这是一个具体可行、切实有效的方法，指引你在求职过程中避开雷区，同时提升你的创造性思维能力。

16

蓝金内向性格

你不仅仅是一位蓝色性格人士，还具有相当强烈的金色性格辅助特征。经过测试，你确定自己是色商内向性格。也就是说，你需要通过独处而非与人相处来恢复精力。在任何需要战略性思考的职业中，这种色彩性格的人都能晋升到最高层。因为你总是不知疲倦地工作，以极高的标准要求自己。你在创建新制度和拓展新思路方面表现非常出色。

你很有可能已经在挑战和批评以上几项主张了，如果你真对本书产生了一点兴趣，你更会采取这种态度。但请不要忽视一个事实，这套概述体系的基本要素已在全球进行了近 70 年的研究，并经由许许多多不同年龄、不同性别、不同种族、不同社会经济背景的人亲身验证，确认切实可行。

蓝金内向性格概述

你创造力强、专注集中、非常独立，能够在看似无关的思路与事实之间建立联系。通过这些错综复杂的思路，你能构建出各种各样的模型，从未来的城市规划到过去的阴谋理论，几乎无所不包。

与你的近亲兄弟蓝金外向性格一样，你的性格优势在项目的每个阶段都得到充分发挥。你能够提出愿景，设计策略，制订计划和应急预案，并使想法变成现实。

与蓝金外向性格不同的是，你看上去更沉着、自立和神秘。你具有极强的专注力，有时看上去好像身处另一个世界里。其实，这只是因为你全神贯注于自己的最新计划。他人的反对既不会让你退缩，也不会动摇你对自己想法的坚定信念。你渊博的知识会帮助你克服各种挑战。

理论问题、未来趋势和大胆创新是你的天然优势。现有制度和认识只是你借以进步的跳板。你的长期计划包含了他人还未发现的思路。那些需要新方向的部门或公司如果采用你的计划，必将取得更大发展。如果这些计划引发了需要解决的复杂问题，正是求之不得的！你不仅会动用所有资源，还会很高兴地解决所有问题。

你面临的最大挑战是管理与控制他人对你的看法和回应方式。从积极的一面来看，你给人以思路清晰、善于思考、好奇心强的印象，你通过清晰的逻辑和充分的辩论说服他人。从消极的一面来看，对那些看重无关紧要、冗长累赘和显而易见的事务的人，你缺乏应有的耐心。为了避免这些消极刺激的影响，你倾向采用书面交流方式，不面对面地与之交谈。

要想成为一名卓有成效的领导者或团队成员，你必须了解其他颜色性格人士会将哪些问题个人化，然后调整与之交往的策略。这些反应源自他们的深层性格核心，能够提供不同于你的（有用的）优势，而且也无法被选择和意志改变。

案例分析 1

中小企业顾问

珍妮特·霍布森（Jeannette Hobson）在纽约非常成功的职业经历让她在中小企业界拥有较高的威望。然而，她最初却是一个缺乏自信心的年轻女孩。珍妮特说："我当时想从事国际贸易相关工作，但我没有勇气独自出去寻找工作，也害怕在一个陌生的地方独自生活。"

没有走上最初设想的职业道路，她参加了美国电话电报公司（AT&T）

的一项专门针对女大学毕业生的培训计划，最终作为纽约银行投资管理部的副总裁开始了一段长达20年的职业生涯。她负责向企业推销经济与投资策略服务。这正好符合她的蓝色性格。她说：“我喜欢无拘无束的思考。”她进而为高资产净值的人群和小型养老基金管理投资组合，最后管理着一个八人的团队。

但珍妮特渴望拥有更广阔的未来发展空间。如今，她掌管着伟事达国际（世界最大的CEO联盟机构）的CEO私人董事会（CEO peer advisory groups）。每个月，她还为50名中小企业的CEO进行培训。珍妮特说：“指导性和促进性的会议能够发挥我的性格优势。我只需要提出探索性问题。”

例如在一次研讨会中，这些探索性问题帮助一个行业领先的投币洗涤设备供应商意识到，技术才是其公司最大的竞争优势。随后围绕这一认识制定的决策，使得该公司的增长速度翻了一番，并完成了一次利润丰厚的收购。

作为一名内向性格人士，珍妮特发现，和完全陌生的群体拓展人际关系，以及通过陌生拜访组建新的CEO讨论组，都给她带来了很大压力。她坦承自己通常会为研讨展示做大量准备，甚至是过多的准备：“对我来说，即兴表现是一件可怕的事情。”珍妮特的三大典型优势是思考与分析、善于倾听，以及来来策略规划。这些都是蓝金性格的典型优势。

如今，假如有机会的话，她会到一个陌生的国家工作和生活。不过，她的家庭和热爱的工作让她继续留在纽约。不过，她会四处旅行，一样充满乐趣。

 你的工作状态

作为团队领导

“我不接受‘不’这样的答案。”这句话最先可能是一个蓝金性格的人说出来的。一旦形成了某种观点，你就会马上采取行动、调动他人的积极性、消除迷惑

和怠惰、做出艰难的决策。很好地理解组织的内部工作机制，是你的特殊能力，你能够利用大多数官僚机构成功地实现自己的最终目的。

你经常最先发现不相关的事实与想法之间的关联，这使你在处理全局性问题时，更有优势。你常常先于他人认识到新想法的潜在价值，而你的公司会因此获利。

作为团队成员

尽管你对团队工作中建立融洽和谐关系的部分并无兴趣，但你的贡献仍然不容忽视。你不喜欢闲聊，习惯直接阐述全局大势。在抛出几个清晰准确、直指要害的问题之后，你便直接切入哪怕是最复杂问题的核心，并且着手制定策略。你常常是一骑绝尘，将团队其他成员远远甩在身后。如果他们必须问一些你认为非常浅显和愚蠢的问题，你就会显得非常不耐烦。通常，你会跺着脚等待他人赶上你的进度，慢慢明白那些你从一开始就一眼看穿的事情。

为了自己高兴，你会提出不同寻常的见解，考虑未经尝试的独特方案。当其他成员终于理解问题所在时，你已准备好（一个或多个）解决方案了。检视过所有已知的数据后，你会很快做出决定。

这可能会让团队成员感到仓促或是压力过大；但这也会刺激和鼓励他们采取行动。你经常发现自己扮演着催化剂的角色，利用最少的时间和资源推动团队在最后期限之前完成任务，并能够达到最高标准。

请参考表 16-1，了解你性格中的工作优势。

表 16-1　与工作有关的性格优势

下面列举的特征约有 80%与你的情况相符。将符合的项目勾选出来，并将它们运用到你的求职简历和面试实践中。你的独特表现将会让你从其他人古板僵化的回答中脱颖而出。你：

- ❍ 常常第一个看清宏观大局。
- ❍ 精力高度集中，目标非常明确。
- ❍ 善于处理复杂问题。
- ❍ 能利用最新技术开发复杂的新系统。

- 能准确制定策略，实现最终结果。
- 能与其他有能力的人合作。

现在，我们来看看一些蓝金内向性格的人是如何在不同的领域发挥性格优势的。

案例分析 2

应用发展公司（Applications Development）副总裁

如果技术奇点（指超级智能电脑的进化摆脱了人类的控制，超出了人类的智能的情况）果真变成现实的话，拉里·斯宾塞（Larry Spencer）是最有可能幸存下来的人之一。一生的大部分时间，他都做着软件行业程序员的工作，并做出了许多重大贡献，特别是在数字工业发展的早期。

他说："20 世纪 80 年代后期，我编写了一个保险报价软件程序，被许多保险业的大公司购买并广泛应用。"

拉里为一个大型保险公司工作，进行自己的契约式编程。不仅如此，三年来，他还经营着自己的公司。像大多数蓝金性格的人一样，他高度专注于自己挑选的一些工作，希望自己的工作能给世界带来重大影响。编程工作已经让他为之着迷了接近 40 年之久。他说："我一个尚未达成的目标就是从事人工智能相关工作。"最终，他希望自己被认为是著名的软件工程师。

现在，拉里的目光又投向了遥远未来的种种可能性之一。蓝色性格的人比其他性格类型的人更善于留意到这些。"我希望自己能保持足够长久时间的健康，以便享受到新科技成果，让我能够活到 200 岁。"他说。

除了为自己（长远）的未来做计划安排，平日里，拉里是一个程序员、团队领导和马萨诸塞州萨德伯里 ScerIS 公司的顾问。他公司的软件可以让机构快速发展、调用、调整、管理商业操作，满足内部及外部公司客户的需求。

拉里领导着一个国际的软件开发者团队，但这位内向人士坦言，他最爱的还是最孤独的编程工作。他说："软件设计和编程是最让我着迷的工作，因为这是纯艺术上的满足和享受。"

一个对技术奇点和人工智能着迷的人在工作之余都做些什么呢？除了健

身和徒步旅行（这是为了保持健康以实现他的长寿计划），拉里说：“我喜欢阅读，并参加哲学小组。”

能够把人类思想最深刻、最优秀的内容注入数字世界中，并能够最大限度地利用几乎遍布仿生学成果的身体，是拉里可能在技术奇点成真时幸存，或者甚至能够对它进行开发利用的原因。

案例分析 2

电视和电影作曲家

约书亚·斯通（Joshua Stone）能够拍摄静态照片，然后用钢琴来诠释画面内容。他能坐在钢琴前，让你随意说一种情绪，然后通过自己的指尖将这种情绪表现出来。他可以连续七天不停地演奏同一段 15 秒钟的音乐过门，每次都能有所改善，而且乐此不疲。然而，这位艾美奖得主谈起自己在电影和电视作曲上的成就时谦虚地说：“还是个孩子时，我没有想过，‘我会长大，然后写一些没人注意的音乐。’但我却是这样做的。”

音乐是约书亚展示情感最直接的方式。他非常擅长利用音乐编织这些情感，强化电影和电视节目的效果。他曾为哥伦比亚广播公司（CBSNews）、艺术&娱乐广播网（A&E Network）、史密森学会（the Smithsonian Institute）、尼克国际儿童频道（Nickelodeon），以及几十部关于艺术家的影片和其他项目作曲。

约书亚说：“为了写好关于他们的曲子，我必须理解这些人生活的那个时期。”和大多数蓝色性格一样，他也喜欢研究工作。他尝试用多种音乐风格来作曲，从 20 世纪 30 年代的摇摆音乐到各种不同风格的非洲音乐。“我现在觉得，无论何种风格的曲子我都能做。我发现，如果我将自己的个性融入手边的项目，这能扩展我先前认为可能成真的事情的边界。”

约书亚创办了歌曲本世界（Song Book World），在非洲、新西兰以及他的家乡新英格兰的伯克郡地区之间进行跨文化合作。该组织的理念是，歌曲让每个人紧紧相连。歌曲本世界（songbookworld.org）不断邀请社团组织、教师和学生为演出活动和校内计划共同演出。

约书亚可以永不间断地谈论音乐。他将自己对音乐的长期热爱归因于好奇心和永不满足的求知欲。这些都是蓝色性格的典型特征。他说："无论我做什么事情，永远都觉得有学不完的东西。总的来说，我不大擅长营销，但是人们可以看到我强烈的好奇心与工作热情。"

与大多数蓝色性格一样，约书亚很喜欢在工作中运用技术。他说："现在，许多地区许多人都能运用互联网，这使许多制作技术成为可能。我们就能有更多途径与全世界的搭档合作。光我自己运用的软件程序中就有许多功能是我所不知道的。当我发现这些功能，我迫不及待地要在我的工作室中做些东西出来，并与全世界的同行分享。"

蓝色性格通常都很讨厌经营和记账。幸运的是，约书亚的工作中很少涉及这些。他说："这些工作不是很有趣，但有了计算机以后，记账工作还算不错。"

他经常独自一人连续工作数小时，并且经常为素未谋面的客户服务。这很适合他性格中的内向因素。他说："我宁愿客户对音乐一窍不通，他们若是有些音乐知识反而更糟。"

如果不是一个蓝色性格的人，得知约书亚的三大性格优势可能会觉得非常惊讶。他说："我可以接受批评，我最大的优势是我的好奇心，而且我总是很有自律精神。"

理想的工作环境

你在工作中获得满足的四个关键因素是：有像拉里・斯宾塞拉那样聪明、能干、具有竞争意识和独立工作能力的同事；能够像约书亚・斯通那样对自己的项目有控制力；像珍妮特・霍布森那样从复杂问题和持续学习中获得智力刺激；拥有足够的隐私，能够深入地把事情想清楚。如果，你的工作环境也像珍妮特・霍布森的工作环境一样，具备这四项关键因素，那么你想不成功都难（政治领域除外）。

在收到工作邀约的时候，充分利用表 16-2 中的内容。

表 16-2　蓝金内向性格的理想工作环境

请将你目前的工作环境与下面的描述进行对比。如果这些描述看起来理所当然，这说明你给自己确定的性格色彩是正确的。其他颜色性格的人，特别是绿色和红色性格的人，可能觉得这样的环境不舒服，也不利于提高工作效率。蓝金内向性格理想的工作环境：

- 必须提供不受打扰的私人思考空间。
- 确保能够独立工作。
- 允许你控制自己的项目。
- 必须提供高标准的智力挑战。
- 重视创造力。
- 鼓励你的策略性能力。
- 有精明能干、喜欢竞争的员工。
- 实现你的目标，作为你工作的补偿。

对蓝金内向人士来说，最糟糕的莫过于官僚气十足、充斥着敏感人群，需要你抽出大量精力应付的工作环境。这种环境过分强调细节工作，却忽略了长期思考和战略分析。你需要足够的私人空间和自由创造、竞争的环境，这样，你工作时才会感觉舒适。

当蓝金内向性格的人处于非理想的企业文化中时，其工作效率将很难提高，想要取得事业上的成就变得像翻山越岭一样艰难。

蓝金内向性格的理想老板

如果老板与你性格不合，即使工作不错也会让你感到沮丧和挫败；如果老板很对你的胃口，即使职位一般，你也不愿意辞去。蓝金性格与其他类型蓝色性格的人特别容易相处。不过，如果是其他颜色性格的老板，只要拥有表 16-3 中列举的品质，也会成为你的良师益友。

表 16-3　蓝金内向性格的理想老板

如果符合，请打钩。你的老板：

- ❍ 是本领域受人尊敬的专家。
- ❍ 能够做出艰难的决定。
- ❍ 对你和他/她自己设定高标准的要求。
- ❍ 鼓励用创造性方式解决问题。
- ❍ 赋予你高度的自主权。
- ❍ 信任并尊重你的能力。

对蓝金内向性格具有很强吸引力的职业

自主性对你来说至关重要。与约书亚·斯通一样，鼓励创新性思考、解决复杂问题、掌握新技术的工作环境，是你事业发展的肥沃土壤。

需要指出的是，也许你对以下所列的职业并非都有兴趣。但你应该知道，其中的每一种职业都在某种程度上让你能够发挥性格优势，而且，它们确实吸引了大批与你同属蓝金内向性格的人。这不是一个完备详尽的列表，但足以说明这些职业偏好的深层规律。如果列表以外的某种职业呈现出类似的规律，那么你从事该职业获得成功的概率就会更高。每个部分括号中的内容，标注出了在这个大类中会带来成功的性格特征。

根据我们的研究，我们预测列表中粗体标注的这些职业，在未来几年里会有高于平均水平的大幅增长。这一结论是基于美国劳工部和劳工统计局公布的数据得出的。这些数据公布在两个部门的网站 O*NET OnLine (www.onetonline.org)和 http://www.bls.gov/CAREER-OUTLOOK/上，并且不断更新。你可以从中了解到，有关岗位要求和薪酬范围深入全面的信息。

在任何岗位上，任何颜色性格的人都有成功的例子。在并不理想的职位上，你仍然可以打造一片属于自己的天地，发出自己的光芒。

艺术/建筑/交流/媒体（能看到复杂的联系，有永不满足的好奇心，掌握许多事实，是有天赋的战略思考者，自主性强，能够高度专注，对自己的见解有信心，坚持高标准）

建筑师、作曲家、批评家（艺术、电影、戏剧）、编辑/文学经纪人、电影制片人/导演、**多媒体专家**、音乐作曲家、新闻分析师/记者、**网页设计师**。

商业/管理/金融（果决、专注，喜欢掌控，坚持高标准，需要控制力，能够解决复杂的问题，具有长远的战略思考能力，天生具有领导能力）

会计和审计、**保险精算师**、各种类型的银行家、预算分析师、首席财务官/财务总监、教练（商业/执行）、薪酬福利经理、信用分析员、经济学家、执行（私营企业、政府机构）、**金融分析师**、**特许经营/小企业主**、**投资分析师**、**投资银行家**、**投资/证券经纪人**、保险承保人、金融领域或部门的经理、**市场部经理**、**市场调查分析师**、**操作研究分析师**、**个人金融顾问**、战略策划、风险投资人。

计算机/信息技术（善于掌握新技术，具有解决复杂或理论性问题的能力，自主性强，采用明确而直接的交流方式，有长期计划能力，洞察未来的可能性，提出大胆新颖的设计，能进行应急规划，需要很强的控制力）

应用开发、人工智能设计师、**数据研究员**、**数据库管理者**、**硬件/软件工程师**、**信息研究人员**、**信息系统经理**、**物联网策略师**、**网络和计算机系统管理员**、**网络系统和数据通信分析师**、程序员、安全专家、软件质保工程师和测试员、**支持专家**、**系统分析师**、**网页开发者**。

咨询（能够从无关的事实和概念中掌握全局，能解决复杂的问题，轻松接受各种理论和未来的可能性，有长期计划、应急计划的能力）

管理顾问、政治顾问、**通信安全顾问**、培训与发展专员。

教育（需要与优秀的人打交道，能够规划长期愿景，善于战略规划，很少执行常规任务，自主性强，辩论能力强）

高等教育教师/大学教授（尤其是经济学、科学或社会学）、大学校长。

政府/公共管理（能够解决复杂问题，具有长期规划的能力，受到社群的尊敬）

政府服务执行人员、情报分析人员、法官、税务检查员、城市和区域规划人员。

保健科学（充满智力挑战，需要控制力，能够解决复杂的问题）

麻醉师、生物医药研究人员/工程师、心脏病学家、遗传学家、内科医生、神经学家、核医学技师、病理学家、药理学家、精神病医生、外科医生。

法律（能够解决各种复杂的问题，充满智力刺激，提供高额回报）

律师（企业、遗产规划、雇佣关系、娱乐、知识产权、产品责任、项目融资以及其他方面）、律师助理。

科学研究/工程学/数学（具有战略思考和长期计划的能力，充满智力挑战，极少从事常规或重复的工作，具有永不满足的好奇心，需要控制力，能够解决复杂问题，提供与你尊敬的人打交道的机会）

航空工程师、农业工程师、航天员、生物化学家、生物物理学家、经济学家、工程师（生物医药、化学、土木、电力、环境、健康与安全、工业、机械、纳米技术）、环境科学家、工业心理学家、发明家、数学家、医学家、微生物学家、操作研究分析人员、政治学家、机械制造工程师、太空学家、统计学家。

案例分析 4

当职业难以为继时

网页设计师罗里·麦克菲（Rory MacAfee）经历了倒霉的一天。无论从研究和测试来看，他为公司最大一家客户设计的最适合的方案被否决了。连罗里的老板都感到非常惊讶。罗里知道，接下来将有几个小时漫长的谈话和困难的挑战在等着他。

客户坚持要求设计“逻辑性减弱一些，艺术性增强一些；更适合现在，不要太未来化”。为了这个项目罗里花费了大量的时间，进行了深入的战略思考。他本希望能够得到认可和赞赏，然而，所有这些都付之东流了。不但没有赞赏，客户还提出了许多他不知道如何去满足的要求，这无疑是一场噩梦。他希望自己能拥有出色的设计及其巨大的潜在价值。然而，他所有作品的版权都属于他的老板。罗里别无选择，只能艰难地应对客户提出的要求。

大学毕业之后，罗里一直热衷于网页设计。他觉得这份工作可以让他一整天都做自己喜欢的事情：编写程序，并与其他技术人员一起工作。 然而，他的设计被否决了。他从未想到自己要处理如此多的艺术问题，而他对此很不擅长。不过，这并不是最糟糕的事情。他能感觉到自己的太阳穴开始猛烈跳动，还伴有折磨人的紧张头痛。开始这份工作以后，他便出现了头痛的毛病。

就在那一天，罗里意识到自己必须改变。他开始和邻座同事泰特兰（Tetiran）讨论自己开公司的想法。泰特兰做出了热情回应。泰特兰有钱的亲属们也大力支持这两位年轻的程序员，为他们提供了启动资金，帮助他们成立了一家专门为金融企业设计安全软件的公司。

在新公司里，罗里负责战略规划与实施。这份工作让他如鱼得水。如今，他很喜欢自己的工作，将精力放在了未来事务方面，不必再担心艺术问题。他和泰特兰拥有他们设计的所有程序，并将很快赚到自己的第一个百万美元。

你的性格所面临的挑战

蓝金内向性格的人对工作存在一些特殊的、潜在的盲点。以下列举的特点有些与你相符，有些不相符。没有人会遇到列举的所有问题。请特别关注这些盲点，减少它对你的不利影响。而后，采取更有效的做法，并把这些做法变成你的习惯。

（下面的括号中列举了一些建议做法。）

你的性格盲点可能包括：

- 可能过于鲁莽、严厉或死板。（每个人都需要同盟。尽管有些人可能显得能力欠佳，智能稍弱，与他人疏远始终是一种战略性错误。耐心是长久的美德。情感是每个成功产品和每个成功团队的基本支撑，其重要性不亚于那些最出色的战略性思考。每天一次，要求自己去理解、体谅他人。）
- 可能会不愿意向他人讲述自己复杂的思考过程，接受讨论与挑战。（你可能会发现，让他人理解你深刻而精彩的想法是很难的，而让他们同意并支持你的观点更加困难。但是，不到项目的尾声都不愿讨论自己的观点，到最后关头又不愿改变想法，这是一种非常糟糕的做法。将你的计划细化为步骤，从开始时便与大家分享，避免他们反对。
- 你认为自己必须亲力亲为，其他人的能力都不够。（这会被认为是一种傲慢，你的同事和老板都不会喜欢。他们可能不会以你的方式做事，但每一种色彩性格都有自身的优势，你可能没有意识到。条条大路通罗马，他人的做法可能比你的还要好！至少，你是不是应该先了解他们的做法呢？）
- 当他人向你提供信息时，你可能会表现出明显的怀疑，以至于激怒对方。（很多性格类型的人都会将你的表现视为一种个人挑衅，认为你不信任他们、不尊重他们的工作。你可以向对方询问所有问题，但要软化你的质疑，可以这样开始你的提问：“这看起来做得不错，你肯定花了不少时间。如果你不介意，我想提几个问题。”）

你的求职之路——优势和劣势分析

蓝金内向性格的人习惯直截了当、直奔主题。在编写简历时，你会系统地阐述自己的职业成就。面对某些面试官，尤其是蓝色和金色性格的面试官，你会感到一种亲切融洽的气氛。但是，如果面试官属于其他色彩性格，对于那些可能让你不太舒服的问题，你应做好准备，演练如何对答。很多人力资源部门的工作人员属于绿色性格。在第一轮面试前，学习如何有效地与这种颜色性格的人沟通交流。

你的性格优势使你很容易：

- 为你的职业发展制定可量化的长期目标。
- 研究职业发展趋势，并将它们整合到你的求职计划当中。
- 通过展示足够多的创新思路，获得为你量身定制的职位。
- 对于职位信息追踪到底。
- 制定时间表、每日状况报告和求职预算，以减轻自己和家人的压力。

为了避免性格盲点造成不利影响，你必须：

- 将思考范围拓展到你选定的有限的人际网络之外，克服不愿向陌生人寻求职位信息的心理。
- 注意求职过程中的个人因素，例如，与面试官建立融洽和谐的关系，发送感谢信，明确感谢求职过程中接触到的秘书与支持人员为你提供的帮助等。
- 回答时多些内容，倾听时不要打断别人，为你唐突生硬的行事风格做些铺垫。
- 留意自己何时说话显得傲慢，这样，你可以有意识地控制减少这种情况的出现；与一个愿意帮忙的绿色性格人士进行角色演练。
- 当遭遇挫折和困难，你感到不安时，向朋友和家人寻求支持，帮助你不偏离正轨。

蓝金内向性格的面试风格

如果面试官的性格色彩与你的相近，你会立刻感觉相处融洽。然而，如果面试官看起来与你的性格相去甚远（从统计学角度看，这种可能性很大，他们通常具有绿色性格特征），请采取下面括号中提出的建议做法。

你的性格会让你：

- 精明强干、富有眼光，给面试官留下良好印象。（一个绿色性格面试官可能会问你一些情感方面的问题，例如："你是否喜欢那些工作？"要做好充分准备，不要只回答"是"。而一个红色性格的面试官可能希望建立某种轻松气氛。）
- 你可能显得有些傲慢或过于深奥。（你没有必要自贬身价，但也不要试图以贬低他人的方式来凸显自己的成就。尊重昔日同事能让未来同事相信，你也会尊重他们。利用过于专业的技术术语来征服面试官不会给你带来任何好处；讲话要平实，让简历展示你的能力。）

- 在面试过程中可能无法表现足够的热情。（虽然你对各种想法都抱有热情，但不会轻易表露。请一位绿色或红色性格人士帮助你，通过演练稍微强化你的热情表现。你可能就会显得非常希望得到这份工作，这也能帮助你减少莫测高深的表现。）
- 当考虑接受一份工作时，你或许应该更灵活一些。（“要么听我的，要么分道扬镳”的态度并非讨论职责与薪酬的良好策略。认真倾听，提出要求，用一天时间充分考虑工作对你和家人的影响，然后再提出要求。提前设定可接受的底线，不要将其视作一场必须分出输赢的比赛。）

在你批评完这部分内容之后，认为我们所说的内容还算有道理，足以让你觉得阅读本章的时间物有所值，那么，请阅读第 19 章“金色性格概述”。之后，仔细阅读第 24 章“调整自我，适应他人，别做傻事”，由此了解其他颜色性格人士的优势。阅读绿色人士的部分，为求职面试做好准备（因为大部分人力资源工作人员属于绿色性格）。另外，如果在工作中或是生活中你需要和红色性格的人打交道，也请阅读红色性格的部分。

如果你正在努力寻找工作，阅读第 27 章的“职业发展路线图”。记录你的优势和策略，这是一个具体可行、切实有效的方法，指引你在求职过程中避开雷区。你还可以记录需要进一步联系的人的动向。

17

蓝红外向性格

你不仅是一个蓝色性格的人，还具有相当强烈的红色性格辅助特征。经过测试，你是色商外向型，也就是说，你需要通过与他人相处来重振精神，而不是通过独处来恢复精力。你所属的性格类型擅长以创新的方式处理问题，并引以为豪。怀着“我能”的心态，你总是积极主动，克服一切限制障碍。请注意一个事实，这套性格分析体系的基本要素已在全球进行了近70年的研究，并经由许许多多不同年龄、不同性别、不同种族、不同社会经济背景的人亲身验证，确认切实可行。所以，如果我们不能正确判定、分析你的性格，那么，其他任何人也都无法做到！

蓝红外向性格概述

凡是他们感兴趣的事物，蓝红外向性格的人都会展现出富有感染力的热情。你总是满世界搜寻那些新鲜的、非同寻常的想法，它们会激发你生动的想象力。你善于创造、见解深刻，喜欢在追求最新鲜的目标时应对挑战，感受刺激，直到这个目标对你失去吸引力。但在这之前，你会一直不知疲倦地工作，自己奋力向前的同时也激励了他人。

不论是否拥有高学历，你都天生具有很高的智商，并一直关注最新、最好的机会。一旦发现这样的机会，你就会立刻冲上去。你充满好奇、聪明机智，需要充分的自由去发挥自己的诸多才能。灵活的工作环境对你来说至关重要。在你看来，非常规的做法都很有趣。你会采取通融甚至违反规定的方式以确保计划实施。然而，当项目启动后，你却很少有坚持到底的热情。

你已经习惯了人们不同意你的观点。对你来说，别人是否赞同并不重要。从童年时期开始，你便展现出天生的辩论才华，能够从正反量方面思考、辩论问题，你来回跳跃的思维不时让对手感到困惑。你天生善于随机应变。你强烈的热情和富有说服力的想法最终总能让所有人折服。

在所有颜色的性格当中，你显得非常独特，因为你既严肃又幽默，讲话时既有激情又充满智慧。然而，你偏爱逻辑、轻视感情，那些需要过多手把手指导的人会让你非常烦躁，那些拒绝考虑创新办事方法的人尤其让你反感。

案例分析 1

人力资源/社会服务行业副总裁

很少有工作会像致力于满足问题青年和他们家庭的各种特殊需求的工作这样，具有如此强的挑战性。不过，蓝红外向性格的人通常都有“我能”的积极态度，黛博拉·芬利·特鲁普（Deborah Finley-Troup）正是如此，凭借这样的态度，她已经帮助数以百计的纽约家庭成为接受专业教育、经济上富足、能够尽到社会责任的社区成员。

黛博拉在非营利性人力资源和培训行业有 30 年丰富的工作经验，如今，她在纽约市的儿童村负责人力资源管理工作。她的职业生涯也是从那里开始的。最初，她是学校专门关爱问题儿童的一线人员。她蓝红外向性格兼具严肃与幽默的独特能力，使她能够非常有效地带动并管理这些年少的客户。但是蓝色性格的人不会永远在初级职位徘徊。黛博拉很快晋升为经理，而后又成为培训与开发总监。

她最为成功的经历之一发生于她在纽约孤儿院（New York Foundling Hospital）工作期间。那时，她蓝色性格的策略天赋得到了充分展现。她说：

"我领导了整个策略计划实施过程，主导了一场大规模的机构性变革。将一个大型机构拆分为以任务目标为中心更加高效的3个机构。"对于蓝色性格的人来说，为世界带来积极的变化是主要目标之一，也是内心满足感的来源之一。

如今，黛博拉负责儿童村人力资源所有不同方面的管理工作，以及简历管理服务相关工作。其中包括4个非营利性机构的人力资源、学习和发展部门的行政管理工作。工作内容包括从吸引、招聘和培训1 500名员工，他们每年为数以千计的儿童和家庭提供服务，到运营一个面向员工的日托教学项目的所有事项。"我善于为招聘人员、留住人才和员工、经理们的发展设计新的策略方法。"黛博拉说。

由于性格辅色为红色，黛博拉能够找出问题，并对不合群或是充满挑衅意味的员工给予特别支持。如果需要用到不同寻常的方式方法，此类性格的人会立刻担起主要责任，快速判断机遇和解决之道。

州及联邦的审计工作也是她的职责之一，但这种工作更适合注重细节的金色性格人士。如此专注于细节的工作会抑制蓝红性格的智力能力。黛博拉坦白地说："我不喜欢这些工作。"

她目前最喜欢做的工作是一项消除制度性种族歧视的计划。她说："我认为这项工作既有挑战性又让人激动。我从事领导力的培训与开发，制定职位继任计划方案。我喜欢策划新的方案。"这是蓝色性格人士的特征，比起其他颜色类型的人，他们具有更宽广的眼界。

但当她需要静下来，休息一会儿，恢复精力时，往往是她的红色性格辅色在起作用。红色性格是最听从身体行事的。对于黛博拉而言，休息放松不意味着一动不动。她说："我会散步、骑单车、划皮艇和独木舟。"

与他人共同努力，黛博拉为儿童村和另外4个非营利性组织提供一系列服务，进而帮助了不同人群的孩子和家庭。各种各样的计划致力于解决许多不同的问题，例如行为问题、心理疾病、无家可归、教育、家庭暴力、药物滥用、生存技能、住房和就业等。黛博拉说："我们在移民、青少年司法和儿童福利等多个部门系统内工作，主要目标就是让孩子和家庭不致离散。"

你的工作状态

作为团队领导

“让我们超越目标”是蓝红外向性格所有的动员讲话的主题。你以活力领导和激励成员，积极主动，能够做出艰难的决定，不惧风险。你解决问题的出色能力和挑战传统智慧的行事风格鼓舞着大家与你一同前行。

你为大家设定了高标准，而且你不会聘用勉强合格的人员。你的员工都能超越极限，并快速适应新情况，因为你尊重他们的独立性。由于你经常关注全局性问题，所以这一点尤为重要。

作为团队成员

每次开始一个新项目时，你都会采取一种“我能”的积极态度。你经常建议设定高标准，鼓励大家更进一步。在项目的前半程，你表现得最佳。你能提出富有想象力的问题并提供条理清晰的分析。你善于进行长期战略性思考，这总能帮助团队确定发展方向。应对疲累和紧张时，幽默是你常用的利器。

发现解决问题的独特方式是你的另外一大优势，而且你还能提供许多选项让大家考虑。虽然，很少会有同事不喜欢你，但当你提出太多可能性时，他们偶尔也会觉得反感。

请参考表 17-1，了解你性格的工作优势。

表 17-1　与工作有关的性格优势

下面列举的特征约有 80%与你的情况相符。将符合的项目勾选出来，并将它们运用到你的求职简历和面试实践中。你的独特表现将会让你从其他人古板僵化的回答中脱颖而出。你：

- ❍ 在创业初期或项目的起步阶段，表现得尤为出色。
- ❍ 善于纵观全局。
- ❍ 能用活力、热情和丰富多彩的交流方式激励他人。
- ❍ 对复杂问题充满兴趣。
- ❍ 在寻找新的更有创造性的解决方案时，表现非常活跃。

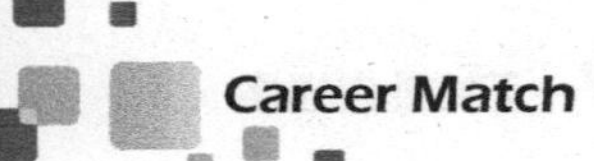

- 喜欢头脑风暴，是最擅长如此思考的颜色性格之一。
- 能与各种各样的人合作。
- 能客观分析形势。
- 善于利用幽默来缓和紧张氛围。
- 愿意冒险。

现在，我们来看一些蓝红外向性格的人是如何在不同的领域发挥性格优势的。

案例分析 2

外科医生

查尔斯·查克·希弗（chwles Chuck Sheaff）是典型的蓝红外向性格人士。他获得工程学士学位后，打算当一名生化工程师。他说："在医学院，我改变了计划，拿了一个生化博士学位。之后，我对外科医学产生了更浓厚的兴趣，这个职业能给我带来立竿见影的满足感。当手术结束时，问题解决了，病人通常都会康复并回家休养。"

在红色性格辅色的影响下，查克转向了急诊外科，并教授了两年这门课程。他说："当我面对一个严重失血的病人时，必须在短时间内做很多事情。这让我更专注也更有条理。与其他情况相比，我总能在紧急关头更轻松地处理事情。"

查克红色性格的爱好之一是飞行。他说："我喜欢仪表飞行，并亲自解决导航问题。"这是蓝色和红色性格的完美结合。

查克在医院担任了十年的领导职务。他说："我喜欢政治。解决政治领域的问题能够得到回报。"蓝红性格的人常是优秀的政治家。无论从事什么工作，都喜欢参与工作中的政治活动。

按照蓝红外向性格的典型方式，无论身在何处，查克都会利用自己的工程技能提出创新的解决方案。他回忆说："我在一家商店看到了一棵倒挂的圣诞树。我觉得这是个不错的做法，因为倒挂能让装饰品更容易被看到。我设计了一种装置，能更好地为倒挂的圣诞树浇水。效果很好，那棵树一直活到了复活节。"查克是一个真正的蓝色创新者，他幻想能够组建一个小型智囊团队。他说："这将非常有趣。让一些人为我出谋划策，解决问题，发明新事物，并把它们推向市场。"

案例分析 3

猎头行业主席/CEO

有些人的简历对于普通的工作岗位显得大材小用，查尔斯·W·B.沃戴尔（Charles W.B. Wardell III.）就属于这种情况。如果你不知道他的名字，那说明你在企业食物链上的位置还不够高。查克是十大猎头公司之一的威特·基弗（Witt/Kieffer）的主席和 CEO。也是国际猎头顾问协会（Association of Executive Search Consultants）的前全球主席，还曾担任全球最大的猎头公司光辉国际（Korn/Ferry International）东北大区的总经理。他之所以能够到达本行业的职业巅峰，因为他自身的背景使他能够认识许多高层人士。如今，遇到几乎所有高管职位或是领导职位的招聘需求，他都知道应该给谁打电话。

查克曾在军队中有过一段出色的工作经历。从哈佛大学毕业后，他出任副助理国务卿，辅佐亨利·基辛格。他曾在白宫为两位总统工作。他是美国运通（American Express）私人银行首席运营官（Chief Operating Officer），并负责中东信用卡部的工作。他还管理着商业多元化委员会（Business Diversification Group），该委员会是旅行者保险公司（Travelers Insurance）旗下的一个重要部门。他说："高管搜寻工作要求具备多年的评估和领导员工的经验。分析他们的成功与失败，根据他们职业发展的需要，准备好建设的基石。"

查克喜欢去适应当今日益变化的劳动力市场的需求，喜欢与婴儿潮时期出生的人打交道，这群人的经历如今突然再次受到关注。或者和千禧一代互动，他们往往很喜欢创新。他指出："企业开始意识到，他们必须投资并留住优秀员工。各家公司都更加看重工作经验和工作表现，而非学历证书。"

查克最喜欢工作为他提供的多样变化，这对他这种性格色彩的人而言十分重要。他尤其喜欢与高层人员共同讨论重要问题，在这种情况下，他的管理和建议都能产生实实在在的影响。他说："我的工作将影响资本系统的运作。"但是，查克自己有三个重点目标——保持健康、保持独立、享受工作——所有这些都是这类性格的标志性特征。

蓝色性格的人比其他任何颜色性格人士都更喜爱复杂的挑战。对于查克来说，这是一件好事，因为威特·基弗公司有保健行业和教育行业等部门，这些部门都在经历全面改革。"保健行业正在从一个过去几乎所有生意都在医院进行的行业，变成一个在各种专业中心和诊所，甚至是在沃尔格林（Walgreens）或是 CVS 这样的大型连锁药店开展业务的行业。你如何帮助顾客找到合适的高管来运营与过去天差地别的各项业务。"

理想的工作环境

有机会与善于激励他人、位高权重、影响深远的人一起工作，是你接受一份工作的关键。为最前沿的观念而工作正是你最想做的事情。

在收到工作邀约的时候，充分利用表 17-2 中的内容。

表 17-2　蓝红外向性格的理想工作环境

请将你目前的工作环境与下面的描述进行对比。如果这些描述看起来理所当然，这说明你给自己确定的性格色彩是正确的。其他颜色性格的人，特别是金色性格的人，可能觉得这样的环境不舒服，也不利于提高工作效率。蓝红外向性格理想的工作环境：

- 提供多样化的工作任务和项目。
- 充满创造力和创业精神，淡化组织结构。
- 鼓励专业特长和快速思考能力。
- 创造新产品和新解决方案。
- 持续提供学习新知识的机会。
- 允许你召集一批精明强干的员工，而你不必费心进行微观管理。
- 提供与位高权重或影响力大的人互动的机会。

对于蓝红外向性格来说，最糟糕的工作环境是：对你进行微观管理，周围的同事缺乏进取精神。这种环境强调工作细节，但结果早已被你预知。

当蓝红外向性格的人处于这种非理想的企业文化中时，其工作效率将很难提高，想要取得事业上的成就变得像攀山越岭一样艰难。

 蓝红外向性格的理想老板

如果跟错了老板，即使是份不错的工作也会让人感到沮丧；而一份一般的工作，若是有个很棒的老板，也会让人难以割舍。蓝红性格与其他类型蓝色性格的人特别容易相处。不过，如果是其他颜色性格的老板，只要拥有表 17-3 中的列举的品质，也会成为你的良师益友。

表 17-3　蓝红外向性格的理想老板

如果符合，请打钩。你的老板：

- ❍ 能够做出艰难的决定。
- ❍ 精明强干、受人尊敬。
- ❍ 不让官僚作风影响工作。
- ❍ 有幽默感。
- ❍ 不会对你进行微观管理。
- ❍ 设定高标准。
- ❍ 重视并鼓励创新。
- ❍ 提供所有必需的资源，以确保完成任务。

 对蓝红外向性格具有很强吸引力的职业

蓝红外向性格的人在重视他们的智力能力、创新想法和冒险意识的环境里工作效率最高。你尤其喜欢处理全局问题的创新性项目。

需要指出的是，也许你对以下所列的职业并非都有兴趣。但你应该知道，其中的每一种职业都在某种程度上让你能够发挥性格优势，而且，它们确实吸引了大批与你同属蓝红外向性格的人。这不是一个完备详尽的列表，但足以说明这些职业偏好的深层规律。如果列表以外的某种职业呈现出类似的规律，那么你从事该职业获得成功的概率就会更高。每个部分括号中的内容，标注出了在这个大类

中会带来成功的性格特征。

根据我们的研究，我们预测列表中粗体标注的这些职业，在未来几年里会有高于平均水平的大幅增长。这一结论是基于美国劳工部和劳工统计局公布的数据得出的。这些数据公布在两个部门的网站 O*NET OnLine (www.onetonline.org)和http://www.bls.gov/CAREER-OUTLOOK/上，并且不断更新。你可以从中了解到，有关岗位要求和薪酬范围深入全面的信息。

在任何岗位上，任何颜色性格的人都有成功的例子。在并不理想的职位上，你仍然可以打造一片属于自己的天地，发出自己的光芒。

商业/金融/管理（充满好奇，喜欢主动，对身边的每件事充满好奇，富有洞见，乐于接受新出现的不寻常的机遇，反应迅速）

执行人（商务、娱乐、金融服务、医疗保健）、**金融分析师**、**金融规划师**、**猎头/人力资源招聘人员**、**保险销售人员**、**投资银行家**、**管理顾问**、**新业务发展专员**、房地产/财产/社区协会经理、**销售经理**、**证券/期货/金融服务销售人员**、培训和发展专员、风险投资家。

通信/创新/营销（智力能力超群，喜欢刺激和挑战，积极响应新机遇，聪明，喜欢与有影响力的人为伴）

演员、**广告/促销/市场经理**、艺术总监、**商务经理**（艺术家、演艺人员、运动员）、编辑、工业设计师、记者、文学经理人、摄影师、**公共关系主管**、**舞台/电影制片人**、**脱口秀主持人**、作家。

计算机/信息技术（提供各种各样的项目，能创造新的产品和新的解决方案，自主性强，有机会进行头脑风暴，有解决问题的能力，喜欢灵活多变的环境，需要非传统的方法

计算机分析师/工程师/程序员、**计算机安全专家**、**信息和系统经理**、**物联网方案架构师**、机器人设计师/工程师、**支持专家**、**系统分析师**、**网页开发人员**。

教育（智力能力超群，喜欢灵活多变的环境，能看到事情的正反两面，反应迅速，逻辑严密）

运动员教练、演讲者、教授/教师（高层次）、校园心理学家。

创业/餐饮（能够做出艰难的决定，灵活多变的创业氛围，能把创新的想法变为现实，对新机遇和不寻常的想法积极响应，以热情感染他人，喜欢自由，反应迅速）

酒店/出租房经理、发明家、餐厅/酒吧老板、小企业主/特许经营商。

保健科学/心理学（喜欢富于变化、给予自主权、灵活多变的工作环境，反应迅速，智力能力超群，能够解决问题）

脊椎按摩师、急诊室医生/外科医生、家庭医生、健康服务经理、工业心理学家、内科医生、精神病学家、放射科技术人员。

政治学/政府（能够迅速看到新形势出现的可能性，能就事项进行明晰的分析，能提供许多方案供选择，具有战略和长远的思考能力，喜欢与有影响力的人为伴）

政治分析家、政治家/政治经理人、区域和城市规划师。

法律（具有分析能力，富有洞见，能看到事情的正反两面，反应迅速，喜欢与有影响力的人为伴）

律师（特别是破产、移民、知识产权、诉讼、兼并和收购，以及其他方面）。

专业领域（坚持高标准，具有明晰的分析能力、喜欢刺激和挑战，富有洞见，不断提升自我能力，具有从事情的正反两面思考的能力，自主性强，对自己的项目负责，反应迅速）

建筑师、侦探、环境科学家、工业/航天工程师。

案例分析 4

当职业难以为继时

布拉德·基特林（Brad Kittering）的曾祖父在自己从小长大的小镇上创办了第一国民银行。布拉德决定沿袭家族传统，进入银行业。

从布拉德进入银行、担任出纳的那天起，人们便认为另一个年轻的基特林出现了，他将一步步沿着阶梯走进总裁办公室。布拉德非常善于与客户打交道，很快便发展了一批忠诚的储户。即使他偶尔犯一个错误，他们也不会抱怨。这些却掩盖了一个事实，他将为公司带来灾难。虽然很努力，但布拉德还是经常点错钞票，也不能遵守银行众多稀奇古怪的规则，而且票据细节也让他头痛欲裂。他曾数次受到警告，要他认真负责，好好表现。若非考虑到他的姓氏，他早就被炒鱿鱼了。

银行内部的新闻通讯引起了布拉德的兴趣。一时兴起，他发表了一篇关于如何对付棘手客户的文章。这篇文章反响很好，一家著名的银行业刊物希望能在全国范围内转载。蓝红外向性格的人能够成为出色的记者，因为他们对他人怀有极为强烈的兴趣，而且通常善于写作。

布拉德继续投稿，对方甚至邀请他做一名定期供稿的专栏作者。如今，他通过自己的咨询公司就银行客户服务撰写文章或发表演讲。

你的性格所面临的挑战

蓝红外向性格的人对工作存在一些特殊的、潜在的盲点。以下列举的特点有些与你相符，有些不相符。特别关注这些盲点，可以减少它对你的不利影响。而后，采取更有效的做法，并把这些做法变成你的习惯。（下面的括号中列举了一些建议做法。）

你的性格盲点可能包括：

- 启动太多项目，有些无法最终完成。（你会被自己的热情毁掉的。给你一个好建议：在完成上一个项目之前，不要开始任何新项目。）

- 对于工作时限和责任可能表现得过于随意。（无论工作多么有趣，它毕竟是工作。如果你是被聘请来在最后期限内完成工作的，那么就在期限内完成它。随着你日渐成熟，并被你的老板呵斥之后，你的职场道德会将这一点包含在内。）
- 让智能稍差者感到害怕。（对你来说，能力不如你的人几乎毫无用处。尤其当你年轻时，通过言语让他们在工作上忙来忙去，对你来说可能很有趣。但是，他们中的某个人有可能会成为你的老板。）
- 有时，你会过于频繁地改变计划和策略。（如果你是独立工作，你可能会迷失工作重点；如果是在公司工作，那些你需要利用他们的才能来完成工作的人会因此感到不安和生气。失去重点往往也就失去金钱。）
- 太渴望受人瞩目。（当理应是他人受到关注时，你却强出风头，这就是在制造摩擦。一定要与应当获得掌声的人一起分享众人的关注，否则，你可要小心了！）

你的求职之路——优势和劣势分析

蓝红外向性格的人制作的简历简洁、客观，但他们更喜欢亲自介绍自己的经历。面对有些面试官，特别是蓝色和红色性格的面试官，你会立刻感觉相处融洽。然而，如果是其他颜色性格的面试官，你需要事先准备并反复演练如何应对超出你舒适区范围的问题。很多人力资源部门的工作人员属于绿色性格。在第一轮面试前，学习如何有效地与这种性格的人沟通交流。

你的性格优势使你很容易：

- 发现多种求职途径。
- 拥有广泛的人脉网络，能够获取职位推荐和职位信息。
- 能很快困难和失败中恢复过来。

为了避免性格盲点造成不利影响，你必须：

- 列出你的长期目标和实现这些目标的各种计划，包括计划重点和检查要点。
- 在求职期间，限制自己的娱乐时间。

- 在拓展社交人脉的过程中牢记你的目的，不要只顾着玩乐。
- 根据切实的时间表，为自己的求职过程做一份预算。
- 跟踪求职过程中所有的管理细节。向一位愿意帮忙的金色性格人士寻求帮助。
- 看到一个有望获得的职位，克制最初的冲动，在接受邀约前，先充分考虑这对于你的家庭和你个人生活的影响。

蓝红外向性格的面试风格

如果面试官的性格色彩与你的相近，你会立刻感觉相处融洽。然而，如果面试官看起来与你的性格相去甚远，请采取下面括号中提出的建议做法。

你的性格会让你：

- 给人留下精力充沛、应变灵活、适应性强和创造力强的印象。（你能够轻松与面试官建立起良好的互动关系。但对于较为冷淡的面试官，在他们邀请你直接称呼他们的名字之前，要以姓氏正式地称呼他们。让他们来确定谈话的基调。）
- 自己说得太多，但针对职位的提问较少。（把一些关键问题列出来，以便在面试过程中参考。在谈话较为轻松的时候，巧妙地提出这些问题。）
- 交谈时运用的可能性和理论性表述可能会让偏重具体细节的面试官感到不适。（如果在你对理论问题大谈特谈的时候，面试官显得眼神呆滞，请马上停止。让面试官主导谈话，直到你弄清了他/她感兴趣的内容。）

如果你阅读本书时感到愉快，请继续阅读第 9 章“红色性格概述”，了解你的性格辅色。然后，认真阅读第 24 章“调整自我，适应他人，别做傻事”，了解其他性格类型的优势。阅读绿色性格的相关章节，为求职面试做好准备（因为大部分人力资源工作人员属于绿色性格）。另外，如果在工作中或是生活中你需要和金色性格的人打交道，也请阅读第 9 章“红色性格概述”。

如果你正在努力寻找工作，阅读第 27 章的“职业生涯发展路线图”。记录你的优势和策略，这是一个理性且有效的方法，指引你在求职过程中避开雷区并通过头脑风暴想出一些非常规的求职方法。同时，这还能帮你在社交活动中保持专注。

18

蓝红内向性格

你不仅是一个蓝色性格的人，你还具有相当明显的红色性格辅助特征。经过测试，你确定自己是色商内向性格。也就是说，你需要通过独处而非与人相处来恢复精力。本书的大部分，但并非全部，内容着眼于人性与情感的话题，你这类性格的人会不想阅读。如果你已步入人生的后半程，你会以更开放的心态来对待这些话题。但如果你比较年轻，就需要补充更多相关知识。由于你对新思想较有兴趣，我们的目标就是以惊人的准确论述吸引你的注意。

蓝红内向性格概述

上一段内容是否让你感到惊讶？好的，看看我们还能说些什么来撼动你高度逻辑化的世界观。毕竟，你的思想是开放的。对你来说，精神刺激与呼吸一样不可或缺。色商理论是一个新衍生出来的分支学科。它的理论源头是经过了数十年的实线与验证的性格分类体系。它的基本理论可以追溯到卡尔·荣格（Carl Jung）提出的一些理念。你可能会就我们提出的诸多观点进行辩论，所以你可以请一位朋友与你一起阅读，然后从各个角度充分深入地研究讨论。这是你的专长。

你的朋友圈不大，但关系很紧密。很少有人能看到你的真情实感。情感问题通常是你最不愿讨论的，不过，你的许多朋友关系都是在项目合作中建立起来的。但你非常注重隐私，因为当你集中精力考虑问题时，外来干扰会让你非常反感。所以，就把阅读本章当做你决定冒险花费20分钟时间（或更短；你非常有可能采取匆匆浏览或是快速阅读的方式）去完成的一个新项目。

新项目对你有着磁铁一般的吸引力，而且通常会将你带入行业的前沿领域。你性格独立、足智多谋，充满怀疑精神，你从来不怕表达有争议的观点。

你需要有批评评论、重新设计和改善提高变动空间。他人是否理解或同意你的改变都与你无关。你对自己随机应变、解决难题的能力极有信心，但你怀疑别人是否能够理解你的做法。不过，你对项目跟踪却没有多少兴趣。

你非比寻常的洞察力让你能够预测未来趋势，有时几乎像通灵一样准确。所以，在讨论最有创意的系统和方案时，人们都会特别依靠你来判断。在你感兴趣的领域中，你会快速而热情地与人交流；否则，你可能完全不愿交流。

在别人眼中，你聪明、爱批评、爱挑战，有时缺乏条理性。那些拒绝考虑新思想、过分情绪化或存在逻辑错误的人，最让你无法忍受。

案例分析 1

企业家、小企业专家

杰克·鲁宾斯坦（Jack Rubinstein）"从5万英尺以外观察世界"，并希望将距离增加到6万英尺。他是管线数据（Pipeline Data）信用卡服务公司的董事会主席和投资对冲基金迪卡合伙人公司（DICA Partner）的普通合伙人。15年来，他利用自己的公司资本市场顾问网络（Capital Market Advisory Network），为小型公共实体企业担任顾问。运用自己的能力，他在三年内帮助小型企业发展成数十亿美元的大公司。

杰克说："我的工作就是为那些被日常事务缠身者提供替代方案。"

杰克的父亲曾拥有一家小型企业，他记得自己8岁时曾在餐桌上与父亲一起讨论当天遇到的问题。刚刚参加工作时，杰克进行了研究分析师培训。他说："这是所有工作中好奇有趣、需要分析能力的一种职业。"

杰克帮助企业老板正确利用资本市场，并寻找拓展业务的创新方法。杰克回忆道："我在一家资产达2 000万美元的公司担任顾问。我告诉它们如何在市场中'摸爬滚打'，在24个月内进行37次收购。之后，它以10亿美元的价格被通用资本（GE Capital）收购。

"我曾是天狼星卫星广播公司最早的投资人。那时，它只有3名员工和一个渴望成功的创业老板，几乎没有资金。我看到了各种可能性巧妙的组合，这让我对这家公司的前景很有信心。然而，具备这种能力的人不多。现在，天狼星公司的市场价值为100亿美元。"

杰克具有的蓝红内向性格的性格优势，洞察小企业的发展前景，并为他们寻求发展壮大之道。他将自己所有的细节工作和记录工作交给了一名金色性格的家庭成员打理。

 你的工作状态

作为团队领导

"高质量"是你领导力的基石。无论是对你所倡导的新思想，你聘请来落实这些思想的员工，或你所设定的工作标准，高质量一直是你追求的主题。为了达到标准，你甚至会挑战传统智慧，或者强迫你的员工进一步提升他们的智力能力。

你灵活务实，善于适应变化，你是最早看到问题并解决问题的人。理解全局性问题是你真正的才能。

作为团队成员

提出富有想象力的问题，找到许多独特的解决方法，又能接受他人的积极帮助，这是你为他人所珍视的性格品质。

然而，你坚持之处每个缺陷或不连贯的细节，或是热衷于过分专业或复杂的描述，这一点可能不会被大家认可。

请参考表18-1，了解你性格中与工作有关的优势。

表 18-1　与工作有关的性格优势

- 能坚持创造并改进想法。
- 能以逻辑和分析的方式评估现状。
- 能在情感风暴中处变不惊。
- 能以创造性方式解决问题。
- 能对新信息采取开放的心态，如有必要可以改变决定。
- 要求高质量和高强度的智力运用。
- 极少闲谈。
- 能长时间保持专注。

现在，我们一起看看一些蓝红内向性格的人是如何在不同领域发挥性格优势的。

案例分析 2

医学专家和大学教授

布鲁斯·I. 特曼（Bruce I. Terman）博士的简历中罗列了一长串的医学研究经历、各种证书和发表的论文。这些证书的背后的那个人其实非常可爱（对于性格辅色为红色的人来说，这很常见）。他喜欢做正确的事情。

在纽约布朗克斯的阿尔伯特·爱因斯坦医学院（Albert Einstein College of Medicine）药物学和心脏病学分部担任副教授和病理学副教授期间，特曼博士一直认真授课，希望成为大学校园内的一名好公民。除了主要从事科研工作以外，“我还尝试参与行政管理委员会的工作，参加各种教学与研究研讨会。”他说。

作为一名内向性格人士，他尤其喜欢自己独自开展的活动。在他的三大天然优势之中，有两项是在独立完成的。他说：“我最擅长做实验和规划实验室的科研方向。”他的第三个优势是教学。成功获得项目资金、发表论文、让实验项目产生预期或是有趣的结果，这些都让他兴奋不已。

此外，为项目寻找资金也非常适合特曼的内向性格。他申请非常多的项目资金。他还必须与学科发展保持同步。因此，他必须不断阅读科学文献，参加同行举办的全国性会议（后者是他最不感兴趣的工作之一）。在实验室里，他负责指导五名工作人员的研究活动（包括培训学生和指导其他科研人员）。许多蓝色性格的人会选择科研工作，特曼一直为实现自己的目标而努力。

给特曼博士带来最大压力的三个问题是"指导那些不合作、无效率、令人讨厌的人，或是与他们来往；等待项目资金申请和稿件发表的结果，或是申请遭拒，稿件被退；实验结果不理想"。

不过，这些情况并不常发生。1994 年，特曼博士荣获美国新阿米的科学成就奖（American Cyanamid Scientific Achievement Award）。谈起自己的成功，特曼表现得很直率。他说："我聪明且诚实。"这是非常典型的蓝红性格特点的组合。之后，他又会回到实验室，继续自己终生为之奋斗的事业 。

案例分析 3

投资行业对冲基金经理

在认识和发展自己独特的蓝红内向性格特长的道路上，阿里·利维（Ari Levy）做得很好。他是芝加哥湖景投资集团（Lakeview Investment Group）的创始人、总裁兼首席投资官。此外，他还是集团有限责任合伙公司——湖景基金（Lakeview Fund）的投资组合经理。湖景基金是一个长短仓对冲投资产品、一个小型和微型市值证券基金。

与营销和政府规定的事务相比，他更喜欢组合投资管理和研究工作，这与他的蓝红性格特征相符。阿里说："没有什么事情比彻底研究一只股票，赶在华尔街发现它之前，找到造成它估值偏低的不利因素，更让人心满意足的了。"

阿里对营销不大感兴趣。特别是当"我发现自己的推销对象不是十分有趣，或对方不能理解我们的工作时"。他承认这一点。这是蓝红内向性格的典型特征。

他为自己对金融风险与回报的理解力，以及自己的管理能力而感到自豪。在自己感兴趣的领域中，蓝红内向性格的人都高度自律。阿里在投资组合管理方面就非常自律。“不过，在个人生活的某些方面，我不会如此有条理！”他坦言。

在其他方面，阿里也表现出蓝红内向性格的典型特征。他喜欢一切以概率为基础的活动，包括赌博、投资和打牌。他喜欢新奇活动的性格在日常的对冲基金工作中得到了极大满足，永远设法设计最完美的投资模式。即使在闲暇时间里，他的兴趣也落在运动统计学方面。

理想的工作环境

杰克·鲁宾斯坦善于以创新方式思考商业问题的能力，得到了灵活环境的支持。他还得到了行政方面的支持，这样他才能集中精力从事他最擅长的工作。同样阿里创办了自己的企业，并制订了自己的工作计划。

在收到工作邀约的时候，充分利用表 18-2 中的内容。

表 18-2 蓝红内向性格的理想工作环境

请将你目前的工作环境与下面的描述进行对比。如果这些描述看起来理所当然，这说明你给自己确定的性格色彩是正确的。其他颜色性格的人，特别是金色性格的人，可能觉得这样的环境不舒服，也不利于提高工作效率。蓝红内向性格理想的工作环境：

- 非常灵活，规则、流程和会议都被压缩到最小限度。任何事情都不能妨碍团队的智能运作。
- 推崇独立与创造性的思考。当你思考一个问题时，就像在端详一只鲁比克魔方——从所有的面进行观察；然后，你不断地调整它，直到一个清晰的解决方案浮出水面。
- 专注于项目的初创阶段。执行和管理的工作留给专职从事这些工作的支持人员。
- 提供私人空间，让你能在时间压力不大的情况下独立工作。 你最痛恨被打断和有人妨碍你的工作。如果没有这些因素，你的工作效率会高得多。
- 非情绪化、强调逻辑理性的企业文化，奖励出色的工作能力和敢于冒险的精神。情感将耗费你的时间和精力，你宁愿把这些资源用于冒险和分析。

- 存在一个由学者型、独立型和积极主动型的同事组成的非正式人际网络。你需要描述一个问题的所有方面，并对解决方案进行辩论。你很难独自或与能力欠佳的同事共同完成此项任务。

对于蓝红内向性格的人来说，最糟糕的工作环境是过分官僚化，对员工过分控制的企业文化。严格的时间管理与工作区域的整洁规定会分散你的注意力。当同事感情用事或能力不如你时，你都会达到忍耐的极限。

当蓝红内向性格的人处于这种非理想的企业文化中时，其工作效率将很难提高，想要取得事业上的成就变得像翻山越岭一样艰难。

蓝红内向性格的理想老板

如果跟错了老板，即使是份不错的工作也会让人感到沮丧；而一份一般的工作，若是有个很棒的老板，也会让人难以割舍。蓝红性格与其他类型蓝色性格的人特别容易相处。不过，如果是其他颜色性格的老板，只要拥有表 18-3 中的列举的品质，也会成为你的良师益友。

表 18-3　蓝红内向性格的理想老板

如果符合，请打钩。你的老板：

- 赋予你充分的自主权。
- 平等对待员工。
- 聪明过人、反应敏捷、能够激励他人。
- 保护你免受机构内官僚作风的影响。
- 不会让你承担管理工作。
- 对改善现有制度与流程抱有开放心态。
- 鼓励你提出想法，然后安排他人执行
- 认可并赏识你的专业能力。
- 允许你对自己的评估和补偿有发言权。

对蓝红内向性格具有很强吸引力的职业

与布鲁斯·特曼一样，你最喜欢那些对智慧能力、原创思想和事业成就有要求的职业。你喜欢参与讨论理论问题和应用新技术。原创性项目是你的基本要求，循规蹈矩和不断重复的任务感到非常痛苦。

需要指出的是，也许你对以下所列的职业并非都有兴趣。但你应该知道，其中的每种职业都在某种程度上让你能够发挥性格优势，而且，它们确实吸引了大批与你同属蓝红内向性格的人。这不是一个完备详尽的列表，但足以说明这些职业偏好的深层规律。如果列表以外的某种职业呈现出类似的规律，那么你从事该职业获得成功的概率就会更高。每部分括号中的内容，标注出了在这个大类中会带来成功的性格特征。

根据我们的研究，我们预测列表中粗体标注的这些职业，在未来几年里会有高于平均水平的大幅增长。这一结论是基于美国劳工部和劳工统计局公布的数据得出的。这些数据公布在两个部门的网站 O*NET OnLine (www.onetonline.org)和http://www.bls.gov/CAREER-OUTLOOK/上，并且不断更新。你可以从中了解到，有关岗位要求和薪酬范围深入全面的信息。

在任何岗位上，任何颜色性格的人都有成功的例子。在并不理想的职位上，你仍然可以打造一片属于自己的天地，发出自己的光芒。

建筑/创新/媒体（喜欢玩乐和惊喜，对身边的事物有着浓厚的兴趣）

建筑师、艺术总监、艺术家、广播新闻分析师、专栏作家、创意写作家、批评家、舞者、编辑、娱乐经纪人、**电影/舞台制片人和导演**、**图形设计师**、工业设计师、记者、多媒体艺术家或动画师、音乐家、摄影师、作家。

商业/金融（智能超群，对未来趋势有洞察力）

会计、审计员、**预算分析师**、**业务分析师**、商务培训师、**首席财务官/控制者**、信用分析师、经济学家、企业家、**金融分析师**、特许经营/小企业老板、对冲基金经理，保险承保人、**口译员/翻译员**、**投资银行家**、**投资/证券经纪人**、**管理顾问**、**市场研究分析师**、**新市场/产品设计师**、**个人金融顾问**、**证券分析师**、**统计学家**、战略规划师、智库成员、培训和发展顾问、风险投资人。

计算机/信息技术（灵活的工作环境，让你能够去创新、批判、重新设计和提高改进）

计算机程序员/研究院、网络安全专家、数据科学家、数据库管理员、硬件/软件工程师、信息研究学家、物联网策略师、移动应用开发者、网络和计算机系统管理员、网络集成专家、网络系统和数据通信分析师、新产品概念提出者、软件质量保证工程师和测试员、系统分析师、网页开发者。

教育（喜欢智力刺激，喜欢乐于辩论的同事）

高等教育教师/大学教授、在线教师、研究人员。

保健科学/心理（独立，喜欢智力挑战，非常需要你长时间保持专注的能力）

麻醉医师、生物医药研究人员、心脏专家、保健专业教师、医疗专家/研究人员、神经学家、药品研究员、药剂师、内科医师、心理学家/精神病医师、外科医生、兽医。

法律（喜欢解决难题，喜欢智力挑战，还喜欢辩论）

律师（特别是银行、企业金融、能源、遗产规划、知识产权、产品责任，以及其他方面）、**法律事务调解员**。

科学研究/工程学/数学（能有机会发挥你解决难题的热情和特长、总能处于前沿）

考古学家、宇航员、生物学家、生物物理学家、化学家、经济学家、工程师（航空、生物力学、**生物医药**、化学、土木、环境、地质、卫生与安全、工业、机械、纳米技术）、**环境科学家**、**遗传学家**、**地球学家**、发明家、**数学家**、医学家、微生物学家、物理学家、**机械制造工程师**、太空/火箭科学家。

案例分析 4

当职业难以为继时

格雷琴·金德胡克（Gretchen Kinderhook）的父亲是美国西部一座大型办公大楼的财产经理。十几岁时，格雷琴放学后常常帮助父亲工作。她非常喜欢预测租户可能出现的问题，然后做好准备解决他们的问题。她还喜欢租户危机出现后的紧张气氛。她认为，父亲拥有世界上最棒的工作。

格雷琴在大学攻读商科的第三年，她的父亲突然意外去世。因为只有极少的人寿保险，他们家庭的安危受到了严重威胁。格雷琴利用自己红色辅助性格特有的危机管理能力，辍学回家，接替了父亲的工作。

工作与她记忆中的情形完全一样，大多数租户甚至能叫出她的名字。让格雷琴始料未及的是：父亲曾经的工作是如此的程式化和枯燥乏味！在她清理垃圾、租约续签、与供货商签订合同、聘请保安、安排保洁时，她蓝红内向性格预测未来与制定战略规划的能力根本毫无用武之地。

为了帮助养家，格雷琴感到自己无法脱身。出于责任，她走访每位租户续签合同。在大楼 18 层，有一家小型智囊公司。公司有 15 名员工，他们负责为蓝筹客户预测市场走向。格雷琴经常到这家公司转悠，免费为他们提供了许多思路。公司老板开玩笑说，除了支付租金以外，他还将支付她薪水。听到这句话，格雷琴心动了，这让她自己都感到惊讶。但是，她认为老板并非认真的，而且自己也不能让家人失望。

就这样提供了两年自愿免费的服务后，格雷琴开始正式在这家智囊公司上班。她获得的薪酬比管理物业高出很多，也能更好地贴补家用。毋庸置疑，她的选择十分明智。如今，物业新经理在遇到问题时，经常会跑到 18 楼请格雷琴一起吃午饭，向她请教。智囊公司的工作非常适合她善于战略思考的品质，并且，她在网上完成了学业。

 你的性格所面临的挑战

蓝红内向性格的人对工作存在一些特殊的、潜在的盲点。以下列举的特点有些与你相符，有些不相符。没有人会遇到列举的所有问题。特别关注这些盲点，可以减少它对你的不利影响。然后采取更有效的做法，并把这些做法变成你的习惯。(下面的括号中列举了一些建议做法。)

你的性格盲点可能包括：

- 由于专注于智力项目，你可能会过于忽视工作期限与承诺。(当你全神贯注地处理智力项目时，请在早晨安排部分时间做完必须要做的工作，然后再集中精力处理更加重要的事情。)
- 可能由于启动太多项目而无法顺利完成任务。(你有太多兴趣，而时间总是有限的。你可以同时做两个以上重大项目，前提是你要为第三个及之后的项目配备了足够的员工，而你只需要负责监管。)
- 让智力较为逊色的人感到威胁。(承认吧，拥有比其他不如你幸运的同事更卓越的智力能力，让你感到很受用。不过，千万不要养成羞辱他们的习惯，因为他们中的某人最终可能会成为你的老板。)
- 你可能会过于挑剔，把事情复杂化，一味追求竞争。(在你喜欢的领域中，竞争动力是基本要素。但是，你应该知道该在何处画界线。对于批评行为和固执己见的行为，也是同样的道理。应该有选择地投入战斗。)
- 过于频繁地改变计划与策略。(每出现一个新信息你就调整一次方针，这可能让其他颜色性格的人和下属无法忍受。你得承认自己并非一个专家级的执行者。对擅长执行实施的人，你要给予足够尊重，并与其合作。)
- 当你感到疲累时，可能会变得挑剔刻薄，无法控制自己的情绪。(向对方道歉："我想自己该休息一下。"除非调整好了心态，否则不要与任何人讲话。这样你就能留住自己的同盟者。)

你的求职之路——优势和劣势分析

你可以轻松地想出许多创造性的求职思路。你认为在这样一本概述性的图书

中，我们很难提出任何新颖或有用的信息。但是，求职不就是要战胜一系列困难和问题，随机应变，闯出自己的成功之路吗？要做到随机应变，你必须掌握背景资料，准备应对策略。

那么，你的性格优势使你很容易：

- 看清未来趋势，并将其融入职业规划。
- 找到获得面试机会的特殊途径。
- 凭借你的眼光和能力给面试官留下好印象。
- 理性地评估不同工作机会的前景。

为了避免性格盲点造成不利影响，你必须：

- 注意细节。
- 在面试中表现出更多热情，不要只想着以智取胜（这样可能会适得其反）。
- 制订一个求职计划，尽可能执行它。
- 当你感觉面试官的智商不如你时，请不要表现出扬扬自得的神情。
- 向帮助过你的人表示感谢，给他们写感谢信或打电话。

蓝红内向性格的面试风格

如果面试官的性格色彩与你的相近，你会立刻感觉相处融洽。然而，如果面试官看起来与你的性格相去甚远，请采取下面括号中提出的建议做法。

你的性格会使你：

- 总结并找出根本原因。（仅通过一次职位面试就对一家公司的运转情况品头论足似乎为时尚早。在表达此类意见前，你应该先说："作为一个局外人……"这样，你就避免了因为不知道你的意见可能造成什么政治影响而带来的麻烦。）
- 避免私人闲聊。（虽然你认为闲聊不重要，但对其他颜色性格的人来说，这会成为判断你是否能融入企业文化的依据。事先与一位愿意帮忙的绿色性格人士进行联系。想知道如何识别绿色性格，请阅读第 4 章"绿色性格概述"。）
- 讨论观点和非常规方案。（你思如泉涌。当你的竞争对手突然"聘请"你时，你要提高警惕。他可能只是想了解你所知道的东西，最后根本不会为你提供职位。你的想法往往价值不菲。只对他们稍作暗示，但在真正拿到一份薪水支票之前，不要与他们分享细节。）

- 经常就不同选择的利与弊进行辩论。（一个新职位已经摆在桌上。现在，你要知道辩论与协商之间的区别。与一位愿意帮忙的红色性格人士演练谈判技巧［要识别红色性格，请阅读第 9 章“红色性格概述”，其中也更加详细地介绍了你性格辅色的优势。］你会了解二者之间的区别，并且明白辩论是不明智的。）

通过阅读本书，学习如何利用你自己的性格优势，以及其他颜色性格的优势。选择几位你想要更好利用其技能的同事。阅读第 24 章“调整自我，适应他人，别做傻事”来识别这些同事所属的性格颜色，或者请他们进行自我评估。认真研究每种性格色彩的章节中的概述部分，并尝试运用一些新方法。科学地实践，看看它们是否有效。

如果你正在努力寻找工作，阅读第 27 章的“职业生涯发展路线图”，摘抄些笔记。这可以提醒你牢记自己的优势，鼓励你，帮助你培养你建立人际关系的能力。这对你来说往往有点难做到。

第 5 部分

金色性格：正确至上

金色性格的人做事精细准确、有条不紊。同时，他们欣赏那些具有同样性格品质的人。

19

金色性格概述

全球人口中约有46%为金色性格。如果你不是金色性格，但希望了解如何识别金色性格的人，或期望改善与他们的沟通交流，请参考表19-1。

本章将帮助你判断，你自测的主要和辅助性格颜色是否准确无误。和第24章“调整自我，适应他人，别做傻事”一样，本章也会帮助你识别你身边的金色性格人士。

表19-1 如何识别金色性格的人

- 永远守时。
- 看起来是个性格可靠的人。
- 衣着考究、风格保守。
- 桌面整洁，可能会摆放一张家人照片。
- 线性方式思考和说话。
- 喜欢设计和策划，遵守规则和程序。
- 从事的工作常与行政和管理有关。
- 注重细节。
- 擅长后勤保障。
- 有责任感。

- 不摆架子、不虚张声势。
- 文件档案井井有条。
- 好奇且怀疑。
- 需要认可和赏识。

如何与金色性格的人相处：

- 认可他/她的权利、地位和成就。
- 按事件先后和年代顺序阐述你的观点。
- 保持客观和精确。
- 描述准确，务实可行。
- 避免模糊的信息和抽象的理论。
- 务必做到可靠、守时和言出必行。
- 行动一致，陈述流畅。
- 遵守程序，尊重登记。
- 承担社会层面和物质层面的责任，充分利用资源。

一位成功的金色性格人士：琼·夏皮罗·格林（Joan Shapiro Green）

对于琼·夏皮罗·格林而言，保持专注和组织管理从来就不是问题。十年来，她一直担任信孚银行（Bankers Trust）子公司信孚证券（BT Brokerage）的总裁兼CEO，为机构客户提供股票和证券交易服务。在这十年间，公司的收入增加了七倍。除了带领员工实现公司目标，琼最喜欢的就是发展新客户，与他们会面，为他们解决问题。

如今，她利用自己成熟的金色管理能力为中央公园集团（Central Park Group）注册的对冲基金，金融女性协会、大纽约地区美国红十字协会提供服务。虽然，同事们经常拿她的工作日历开玩笑——她总是用五颜六色的便利贴来管理自己复杂的生活。但没有人会质疑她的工作热情，或是她作为金色性格对出色工作表现的不懈追求。琼认为自己最突出的品质，是鼓舞和激励团队实现自己的目标。在董事会的工作让她为重要和有价值的组织机构贡献自己的精力和热情。

琼能够识别关键问题，然后团结他人一同解决问题。这些都是金色性格的特征。金色性格注重细节，并认为自己应对结果负责。你属于所有性格类型中最可靠的那一类。如果，你承担许多责任，并因此得到认可和赏识，那么，你会更易成功。你是典型的不爱虚华的人，你忠诚并尊重程序。在要求他人高效工作的同时，你对自己的要求也同样严格。

金色性格人群大约占全球总人口的46%，是四种性格色彩中人数最多的一类，同时，也是最脚踏实地的一类人。你是企业的中坚力量，是公共机构的支柱骨干。作为社会的管理者，你天生善于保护他人，做好后勤工作，包括人员、物资、日程安排和服务的调度。你重视细节和程序，以有始有终著称，并且能够激励他人实现合理制定的目标。金色性格的人特别擅长制定政策和制定与地位、名誉、权力有关的目标。"我们要正确行事"是金色性格人士的典型观念。

选美冠军、企业老板和慈善家

自小，莫妮卡·拉克马纳（Monica Lakhmana）得到了上天额外的眷顾，这不单单是指她的惊人的美貌。她致力于把周围的世界变得更好、更美。

"20 岁时，我被选为印度小姐，接着代表我的国家参加在菲律宾举行的亚太小姐选美比赛，"她说，"能够代表自己的国家参加慈善宴会，造访不同的城市，是非常棒的一段经历。至今，我和一些选手仍然保持着朋友关系。"

她的童年在位于詹谢普尔（Jamshedpur），一个散发着茉莉香味的城镇度过，家乡的美激发了她对设计和时尚的兴趣。在印度马德拉斯大学(Madras University）斯特拉·玛瑞斯学院（Stella Maris College）取得英语文学荣誉学位之后，她成为一名杂志记者。1991 年，她被选为扶轮学者（Rotary scholar）赴美交换学习一年。回国之后，她进入印度酒店集团（Indian Hotels Company Ltd），也就是泰姬酒店集团（Taj Group of Hotels）工作。她说："34 岁时，我获得国家酒店运营大奖（National Award for Hotel Operations）。凭借我的专业运营能力，我影响了超过 75 家酒店。"莫妮卡担任泰姬集团的运营总监达 23 年之久。

她参加了许多机构提供的管理培训计划，此处仅列举几个：位于班加罗尔（Bangalore）的印度管理学会（Indian Institute of Management）、密歇根大学和康奈尔大学。她说："我一直都很重视教育和知识。对我来说，学习永无止境；你接触越多不同的人，你就能学到越多。”

2013 年，她决定将自己的观念变为行动。“我创办了非营利性组织——莫妮卡·拉克马纳基金会，通过为印度的农村女性提供经济资助，使她们能够自主自立。”

2016 年，莫妮卡离开泰姬集团，创办了以自己的名字命名的设计公司，总部设在印度孟买。公司主要从事时尚和室内设计，产品包括成衣、鞋类、手袋和配饰，以 Carry Elegance 为品牌名称推向市场。这家公司为她的基金会帮助的女性提供就业机会。“色彩、面料、绣纹都给我很多灵感，让我为女性创造美丽的配饰。我的手袋通常五颜六色，稀奇古怪。我希望通过这些手袋讲述印度的故事，讲述创造这些手袋的女性的故事。”她的室内设计部门专注于酒店内部、餐厅和住宅的设计。

“与有趣的人联络和碰面是最棒的事，”外向的莫妮卡说，“我参加了一些女性相关的会议和讨论会。我被邀请在许多不同的活动、论坛和投资会上发言并参加专题研讨。而且，我还举办了我自己的论坛——女性领导力网络世界（Women's Leadership Network World）。”

莫妮卡受到印度许多知名杂志、书籍的专访，同时在多个董事会中任职，其中包括印度工艺村信托（Indian Crafts Village Trust）和旧金山艺术大学（Academy of Art University）顾问委员会。

作为典型的金色性格人士，莫妮卡将她的优势描述为“专业、重诺、可靠、负责，永远支持朋友，并且对生活和诚实坚持原则。”金色性格的人经常认为自己是个完美主义者，莫妮卡也不例外。“有时候，纠结太多的细节会影响我的效率。”她说。

她的蓝色性格特质让她希望有天能够进入印度国会，在联合国就性别平等问题发表演说。她说：“我希望自己能够为后世留下有用的遗产。”

作家和剧作家贝特西·豪伊（Betsy Howie）

贝特西·豪伊能够行云流水地写出剧本和小说。她用金色性格典型的方式，极有条理地组织她的作品。“我有 17 个文件夹来归类还没出版以及还没完成的作品"，她说，"另外，我还有一个书架专门陈列已经成功出版的作品。"

但她金色性格"正确行事"的天性驱使她坚持高标准。她说："完成一个项目需要专注、精力和决心。我讨厌看到事情在我的待办事项表上。我确实喜欢赶进度。"

贝特西童年便与艺术结缘；中学时，她曾有两年在夏季剧目中表演。她的目标是成为一名演员。她为多家公司，如美国运通、高乐氏、微软、在线招聘网站 Monster 和温迪国际快餐连锁集团等，拍摄了许多广告。

她与戏剧的缘分扩展到写作方面。她最著名的剧作——音乐剧《牛仔女郎》，仅用了短短三年时间就从一部只在区域戏院上演的剧目发展成为 1996 年外百老汇的大热剧目。"大多数音乐剧要经过十年才能到纽约上演"，贝特西解释道，"但我们很快就做到了。"

在《牛仔女郎》上演期间，贝特西与哈考特・布雷斯公司（Harcourt Brace & Company）会面。这为她于 1998 年出版第一部小说《雪》（*Snow*）提供了途径。这部小说的灵感来自贝特西的亲身经历：早年她曾做过一次职业测试，她用之后的奋斗和成功的事业，证明了那次测试的判断是错误的。

为了平衡现金流，1996 年贝特西开始为学乐读书俱乐部（Scholastic Reading Club）工作。过去 20 年里，她一直坚持发表博客文章，写作儿童读物（以笔名出版），并为学乐读书俱乐部组织竞赛。她的金色性格管理才能时时得到锻炼。

2011 年，贝特西的女儿卡尔普尼娅（Calpurnia）[昵称为凯莉（Callie）]出生，给这位金色性格的母亲带来了全新的艺术灵感。"我开始写《凯莉的账目》（*Callie's Tally*），记录我在凯莉生命的第一年里为她花费的钱。"贝特西说。企鹅/普特南出版社于 2002 年出版了这本书，加上了一个副标题——"宝宝第一年的账单（或：我的女儿欠我的钱）"。这本书非常畅销，甚至引起了奥普拉・温弗瑞秀（*The Oprah Winfrey Show*）制作人的注意。"我没想到这本书会引起这么大的争议。"贝特西说。

接下来的十年，在母亲的帮助下，贝特西在康涅狄格州的一个小镇抚养女儿。2011 年，她的母亲过世了。这给她的生活带来了深刻的变化，大大压缩了她写作的时间和情绪空间。

"但是现在我已经翻开人生新的一页了，"她说，"凯莉成为一名年轻的、很有天赋的踢踏舞者。为了让她尽可能地拥有更多机会，我们搬回纽约居住。”

这次搬家可能让贝特西有了同样的感受。“我觉得我的梦想仍未完成。”她说，几乎没有意识到她已经取得的那些有目共睹的成就。有时候，金色性格的人会坚持非常高的标准。他们会忘记过去的荣誉，因为他们在追求更大的成就。

金色性格的人会抱着怀疑的态度阅读本书这样的任何一本书。他们更喜欢接触具体，而不是抽象的事物。然而，如果你想学习如何提高工作效率，加强与其他性格类型的人合作，这本书会是你打开秘诀宝库的钥匙，它会告诉你如何去调动你身边最不专注、最缺乏条理的人的积极性。在你使尽浑身解数还是无法成功时，它会告诉你该怎么做。

阅读本书最好的方式是，首先阅读你的性格主色和性格辅色对应的章节，然后根据需要，浏览其他色彩的内容，由此学会如何与他们相处。

政治领域著名的金色性格人士有老乔治·布什（George H.W. Bush）总统及他的妻子芭芭拉、伊丽莎白女王、哈里·杜鲁门（Harry Truman）、乔治·华盛顿总统和英国的维多利亚女王；IBM（国际商业机器公司）前主席小托马斯·沃森（Thomas Watson Jr.）、沃尔玛创始人山姆·沃尔顿（Sam Walton）和彭尼百货创始人詹姆斯·卡什·彭尼（James Cash Penney）是企业界金色性格的代表人士；卡里姆·阿布杜尔-贾巴尔（Kareem Abdul-Jabbar）是体坛的金色性格巨星；军事界的科林·鲍威尔（Colin Powell），金融界的沃伦·巴菲特（Warren Buffett），娱乐圈的娜塔莉·波特曼（Natalie Portman），吉米·斯图尔特（Jimmy Stewart）、玛莎·斯图尔特（Martha Stewart）和泰勒·斯威夫特（Taylor Swift），法律界的桑德拉·戴·奥康纳（Sandra Day O’Connor）和索尼娅·索托马约尔（Sonia Sotomayor），以及新闻界的芭芭拉·沃尔特斯（Barbara Walters）都是金色性格的人。凯特·米德尔顿王妃（Kate Middleton），以平民的身份走进英国皇室的圈子，这一路上她几乎没有一步走错，她同样也是一个金色性格的人。

本章将帮助你判断，你自测的主要和辅助性格颜色是否准确无误。现在，你掌握了在人群中识别金色性格人士的方法。第 24 章“调整自我，适应他人，别做傻事”会告诉你另外一些识别其他颜色性格类型之人的窍门，每一章关于这一类型性格的概述部分也会帮助你“看色识人”。

20

金蓝外向性格

你不仅是一个金色性格的人，还具有相当强烈的蓝色性格辅助特征。经过测试，你是色商外向型，也就是说，你需要通过与他人相处来重振精神，而不是通过独处来恢复精力。这种颜色性格的人非常重视效率、传统、准确性、可预测性和结构性。在规定的时间和预算内实现既定目标是你内在强烈的动力。

金蓝外向性格概述

在你的社交圈中，你是支柱型的人物：不可或缺、备受尊敬，被推选担任重要的志愿服务职务。你实事求是、脚踏实地、认真负责，无论遇到何种困难都会设法完成任务。但是，这并不会让你显得生硬呆板，大胆积极是你的性格标志。

推倒重建不是你的风格。你通常会选择研究实在的，而非无形的事物，偏向自身的经验而非新鲜的理论。你重视“体系”，喜欢根据程序和合同约定来安排生活。

你内心有着强烈的控制欲，这使你不可避免地在自己的职业生涯中扮演负责人的角色；行政管理能力是你的第二大特征。为家人和同事创造安全与稳定的环境是你的一个重要目标。

一旦成为负责人，你便会兴致勃勃地将待办事项逐一列出，精心规划。分配任务时，你力求使每个成员的优势都能得到最充分的利用。一旦有人达不到你的期望，你会十分苦恼：对于能力差、效率低的人，你极少表示同情。

你的交流风格直接且清晰。你擅长执行政策，确保一切有条不紊地推进。对你来说，提前计划、设定目标、控制时间都是自然要做到的事。你极其注重细节，在你手中鲜有漏网之鱼。

对于违反规则、奇装异服、举止异常的人，你会毫无顾忌地予以批评。你所认为的合适、正确或错误的事情，都依照着内心深处的道德信念。传统与保守的做事方式使一切事物都组织严密、井然有序。你实在无法理解为什么有人竟想破坏这种秩序。不忠诚、不可靠、无秩序、延误任务期限的人，都会让你愤怒。

你不仅赞同，而且非常尊崇礼仪、传统、节假日、生日、宗教或文化活动。对你而言，这些都是必须传承给后代的延续性象征，需要以合适的规模来庆祝和纪念。 家庭是你关注的核心。

案例分析 1

投资管理公司高级管理人员

毫无疑问，47 岁的梅洛迪·霍布森（Mellody Hobson)是一位“黄金女孩”。梅洛迪是资产达 100 亿美元的芝加哥艾瑞尔资产管理公司(Ariel Investments)的总裁，还定期为哥伦比亚广播公司新闻网（CBS News）贡献金融类资讯。《名利场》(*Vanity Fair* ）和《时代周刊》(*Time* magazine ）都对她进行过专访。2015 年，梅洛迪入选《时代周刊》全球年度最具影响力的 100 位人士。梅洛迪担任梦工厂动画公司（DreamWorks Animation SKG，Inc.）董事会的主席。同时，她还担任雅诗兰黛(Estée Lauder)和星巴克公司(Starbucks Corporation)的董事。她魅力非凡、风度优雅，是公认的“时尚达人”。

金蓝外向性格人士通常在小时候就表现出强烈的成功欲望，梅洛迪也不例外。5 岁时，她便为自己设定了上常青藤名校的目标。五年级时，她便为了完成作业熬夜至凌晨。“稳扎稳打才能赢得比赛”是她的座右铭。在艾瑞尔

资产公司，她经常在自己经典风格的服装上佩戴一枚古怪的小乌龟标志。公司以此为主题制作了品牌广告，并获得了广泛认可。“稳扎稳打”也是她一直奉行的战略。凭此，她从14年前一个大学毕业的实习生一步步晋升，成为艾瑞尔资产公司总裁。

按照金蓝外向人士的典型风格，梅洛迪认为自己最突出的三个优势是交流、组织与活力。梅洛迪说：“我非常果断。清谈闲聊和无动于衷都会让我发疯。”

梅洛迪并非出身名门望族。她有五个兄弟姐妹，她是其中第一个完成大学教育的。她自己也不知道是何种动力让她取得了今日的所有成就。然而，金蓝外向性格天生具有控制欲，这促使他们追求领导职位。他们还很珍视安全与稳定，这是梅洛迪儿时所缺少的。谈及儿时的经历，她说：“我讨厌没有钱，讨厌被驱逐的不安全感。金钱最大的好处是它给了你自由，你可以有自己的选择。这从来都是我最关心的东西……我会一直工作直到死去。”

梅洛迪还说：“为了你的价值观和信仰，你必须始终勤奋努力，毫不妥协。”她为黑人孩子和他们的家人提供投资教育，这项工作体现了她内心深处的某些价值观。为了实现这一目标，她的公司在芝加哥创办并资助了艾瑞尔社区学院（Ariel Community Academy）。在学校里，一年级学生可以领到20 000美元的投资基金；到了八年级，孩子们可以控制所有的资金。毕业时，他们将最初的20 000美元转交给即将入学的一年级新生，并将赚取的利润捐给慈善机构和学业奖学金。梅洛迪的目的是要让投资成为黑人家庭餐桌上的话题。提供社区服务是金色性格人士优先考虑的重要事业之一。

2004年12月，参议员比尔·布拉德利（Bill Bradley）在接受《时代周刊》采访时说：“梅洛迪对于什么是对的、什么是错的，有一套深信不疑的价值观。”显然，她将这些价值观融入了自己的日常生活。这是金蓝性格的一个核心特征。

 你的工作状态

作为团队领导

你的核心能力体现为“在合适的时间与地点，将合适的事以合适的工作量交给合适的人去做”。出色的后勤保障能力是金蓝外向性格领导者的显著特征。你能够向员工传达清晰连贯的指令，明白易懂的期望与职责说明，所以任何工作都能顺利完成。能够依照规则行事和工作表现达到你严格标准的员工，都能获得满意的回报。

与梅洛迪·霍布森一样，你非常果断，以可靠而连贯的方式为公司的实际需求贡献自己的力量。 快速切入局势的核心，公正管理，持续反馈，制订明确、可量化的目标，这些都是你完成工作任务的法宝。

作为团队成员

作为团队成员，你拥有许多优点：你能快速找到问题所在；能够阐明问题、障碍和目标；讨论时引入逻辑思考的方法；不漏掉任何重要细节；确保所需资源到位备用；实事求是地查验计划的可行性和所需成本。缺少了金蓝外向性格成员的团队，是无法发挥其最大作用的。

必要时，你能够做出艰难的决定。但是，你可能因为擅自扮演负责人的角色和过于直率，招致其他团队成员的不满。

请参考表 20-1，明确你性格的工作优势。

表 20-1　与工作有关的性格优势

下面列举的特征约有 80%与你的情况相符。将符合的项目勾选出来，并将它们运用到你的求职简历和面试实践中。你的独特表现将会让你从其他人古板僵化的回答中脱颖而出。你：

- ❍ 行事规矩稳重。
- ❍ 果断坚决。
- ❍ 期待并拥有很高的工作标准。
- ❍ 高效运用资源。

- 尊重规则和既有程序。
- 通过合理的时间和任务管理取得预期结果。
- 激励你身边的人或同事的信心。
- 在规定的时间和预算内完成项目任务

现在，我们一起来看一些金蓝外向性格的人是如何在不同领域发挥性格优势的。

案例分析 2

健身中心老板和小说家

马克斯·考尔德（Max Calder）在致力于改善成百上千人的生活的事业中奋斗了近 30 年。但在他能够帮助他人之前，他必须学会如何改善自己的生活。作为金色性格，他热爱工作、真诚热情、能力出众、充满自信、知识渊博的优势，帮助他在宾夕法尼亚州成功拥有了一份不断成长的事业。

他很早就取得了一些了不起的成就。他说："都是些运动成就。我曾经是一名铁人三项竞赛选手。"后来，几处运动伤害让他无法再上场了。"我的右脚踝关节粉碎性骨折。他们告诉我，我没法再跑步了。另外，我还忍受着肩部肌腱完全撕裂的痛苦。"他说。

他完全遵照医生的吩咐生活，但他发现自己变得越来越不活跃。这让他很不满意，他的蓝色辅助性格特性开始谋划起来。"医生对于治疗非常在行，但他们只能开一些药，"马克斯说，"我决定试试看我还能为自己做些什么。"他开始做拉伸运动，使自己身体的柔韧度达到允许范围内的最大限度，然后增加了一项强健养生计划来逐渐恢复自己的肌肉。两项计划开始初见成效以后，他努力在二者之间达到平衡。

"这需要大量的恢复工作，"马克斯说，"但我不仅能够再次跑起来，我现在已经跑完了超过 100 次竞速比赛，参加了数不清的径赛项目。尽管医生建议我接受肩部的手术，但我仅仅依靠拉伸和强健的恢复计划就使肩部恢复了 90%的灵活性。"

其他的运动员发现了这一点，于是，他开始告诉他们如何安全地运动，即使是在感到疼痛甚至有伤的情况下。最后，这发展为健身科学和营养学方面的一系列正规训练，他也成为一名私人健身教练。如今，马克斯是在全球拥有 3 200 家门店的“随时健身”的一名店长兼经理。他计划不久以后在目前所在的宾夕法尼亚州维拉诺瓦（Villanova）再开两家健身中心。

金色性格的人是世界上最好的管理者。马克斯一半的时间用于拓展新业务，维持目前的项目运转，设计并实施健身计划，还有，最近又在学习如何高效地委派任务。“我在计算机技能方面需要帮助，做好健身中心的生意需要这些技能，”他还补充到，“我曾经因为其他人没履行他们的职责而失去耐心，无法忍受。”这是典型的金色性格式的反应。

为了恢复精力，马克斯喜欢享受自己写作方面的艺术追求。他用“彼得·麦克斯韦·考尔德（Peter Maxwell Calder）”这个名字写作了一本名为《兄弟情》（*Brotherly Love*）的成长小说。2005 年，他通过 XLibris 自助出版了该书。“我喜欢写小说，并希望我能有更多时间来写作。”他说。但作为一个自律的金色性格人士，他的大部分时间还是用于创造新的收益流，提升自己的领导能力，以及指导其他的培训师。

案例分析 3

文学经纪人

纽约市文学经纪人琳达·康纳（Linda Konner）是一个知道自己想要什么并总能争取到的女人。“对我来说，这意味着我不需要老板，也不需要在办公室或公司环境中工作，还能挑选自己喜欢的人进行合作。”

琳达这样描述自己的主要任务：为客户的书寻找合适的出版商（主要是面对成人的实用性非小说类作品）；针对他们的合同进行谈判和磋商；编辑客户的图书推荐和样本章节；与客户和出版商一起解决问题，并为他们提供信息服务；如有必要，帮助客户寻找共同撰稿人和宣传推广人员；针对客户未来的图书写作进行头脑风暴，提出建议。这些工作能够发挥她金蓝外向性格

的一贯的优势，包括编辑、创意、谈判、解决问题和网络构建。

她一直喜欢人们眼中最为光鲜亮丽的职业。以前，琳达是一位成功的作家，出版过八本书，包括《就喜欢你现在的体重：适合任何体型的健康之法》(*Just the Weigh You Are: How to Be Fit and Healthy Whatever Your Size*)(霍顿·米夫林出版社 Houghton Mifflin),《最后十磅》(*The Last Ten Pounds*)(巴恩斯-诺布尔图书 Barnes & Noble),《你的完美体重》(*Your Perfect Weight*)(罗代尔图书 Rodale)。她还担任《体重观察家杂志》(*Weight Watchers Magazine*)的总编辑，以及《红皮书》(*Redbook*)、《十七杂志》(*Seventeen Magazine*)、《女性世界》(*Woman's World*)的特刊编辑。

她为《魅力》(*Glamour*)和《健身》(*Fitness*)杂志提供专栏稿，同时还在《纽约时报》(*New York Times*)、《妇女日》(*Woman's Day*)、《波士顿环球报》(*Boston Globe*)、《基督教科学箴言报》(*Christian Science Monitor*)和《花花公子》(*Playboy*)等报纸杂志上发表文章。她已在出版行业工作了30余年。

琳达天生具有编辑的才能，遣词用句非常精准。当被问及自己的三大优势时，她的回答显示了金色性格措辞精准的风格："你是指智力、创造力和幽默感这些东西？还是指写作、编辑和解决问题等方面？随你选择！这些都是优势。"琳达最热衷的活动包括头脑风暴、编辑、谈判，这些都属于她金蓝性格的核心品质。

外向性格和蓝色品质使她喜欢自己所获得的成就和作为作家获得的媒体关注。在编辑岗位上，她的金色性格得到了充分展示。她坦率地说："我喜欢编辑工作，而且我也很擅长。"

琳达还是一位精确、周密而坚定的谈判专家，在现在的工作中，她性格的所有方面都得到了充分发挥。最近，她刚庆祝了成为文学经纪人的20周年纪念。能在这样一个让人筋疲力尽、职业生涯很难长久的行业里工作20年，绝非易事。琳达·康纳的经历表明，合理利用而非压制自身的性格特点，有利于获得事业成就。

理想的工作环境

像梅洛迪·霍布森一样，稳定、备受尊敬、为员工提供可预见的职业前景的机构单位能让金蓝外向性格人士感觉像在家一样惬意。

在收到工作邀约的时候，尽可能地利用好表 20-2 中的内容。

表 20-2 金蓝外向性格的理想工作环境

请将你目前的工作环境与下面的描述进行对比。如果这些描述看起来理所当然，这说明你给自己确定的性格色彩是正确的。其他颜色性格的人，特别是绿色和红色性格的人，可能觉得这样的环境不舒服，也不利于提高工作效率。绿金外向性格理想的工作环境如下：

- 稳定、备受尊敬、为员工提供可预见的职业前景。你工作很努力，并希望获得金钱回报与他人尊敬。小微、发展中的公司或问题丛生的公司无法提供这些。你是典型的大型企业员工。
- 能为员工提供工作安全保障。对你来说，生活变化是一个缓慢的过程。比起其他颜色性格的人，强迫你接受变化的难度会更大。
- 工作业务包含具体实际的项目与产品。对你来说，无形的服务难以量化和衡量，你喜欢做看得见、摸得着的工作。
- 有明确的规则和要求。对你来说，花费宝贵的时间来为规章制度查缺补漏是一种浪费。你不希望受到这种干扰。
- 有组织、有效率。如果一个公司不具备这些特点，就无法获得你的尊重，你也无法高效地工作。
- 同事工作勤奋，并为能够正确行事感到骄傲。你将他人的危机和情绪化行为视为不必要的弱点，甚至认为他们这样做影响了团队的士气。
- 允许你在小组或团队中工作。你需要和组织性强的人一起工作。
- 赏识那些做事沉稳、可靠并注重结果的人。其他人或许会把时间花费在大惊小怪和钩心斗角上，而你只想做好工作。
- 不断为你提供更高层次的职位。清晰的职业发展规划能够让你集中精力，并帮助你认真做好手头的工作。
- 符合以上所有条件的工作环境将是你事业发展的沃土。

对金蓝外向的人来说，最糟糕的工作环境莫过于纪律松散与缺乏组织管理。

这种环境不利于你获得可靠的关键性信息。变化无常、模棱两可的工作要求，阻碍你强大管理、组织能力的发挥。你需要事实、底线成本数据和规章制度，具备这些你才能称心如意地工作。

当金蓝外向性格的人处于这种非理想的企业文化中时，其工作效率将很难提高，想要取得事业上的成就变得像攀山越岭一样艰难。

金蓝外向性格的理想老板

如果老板与你性格不合，即使工作不错也会让你感到沮丧和挫败；如果老板很对你的胃口，即使职位一般，你也不愿意辞去。金蓝性格与其他类型金色性格的人特别容易相处。不过，如果是其他颜色性格的老板，只要拥有表 20-3 中列举的品质，也会成为你的良师益友。

表 20-3　金蓝外向性格的理想老板

如果符合，请打钩。你的老板：

- ❍ 始终知道，并能清楚陈述工作内容和要求。
- ❍ 可信赖，能够提供所需的资源。
- ❍ 与高层人员关系密切。
- ❍ 如果员工没能履行职责，能够当面指出。
- ❍ 给予你跟你的能力和表现相应的权利和经济回报。

对金蓝外向性格具有很强吸引力的职业

像琳达·康纳这样的金蓝外向性格人士较多地集中在有职业尊严、对能力有较高要求、工作成果对社会有益的行业里。你全力以赴，掌握实现可预见性和稳定性的能力。

需要指出的是，也许你对以下所列的职业并非都有兴趣。但你应该知道，其中的每一种职业都在某种程度上让你能够发挥性格优势，而且，它们确实吸引了大批与你同属金蓝外向性格的人。这不是一个完备详尽的列表，但足以说明这些职业偏好的深层规律。如果列表以外的某种职业呈现出类似的规律，那么你从事该职业获得成功的概率就会更高。每个部分括号中的内容，标注出了在这个大类中会带来成功的性格特征。

根据我们的研究，我们预测列表中粗体标注的这些职业，在未来几年里会有高于平均水平的大幅增长。这一结论是基于美国劳工部和劳工统计局公布的数据得出的。这些数据公布在两个部门的网站：O*NET OnLine (www.onetonline.org)和 http://www.bls.gov/CAREER-OUTLOOK/中，并且不断更新。你可以从中了解到，有关岗位要求和薪酬范围深入全面的信息。

在任何岗位上，任何颜色性格的人都有成功的例子。在并不理想的职位上，你仍然可以打造一片属于自己的天地，发出自己的光芒。

艺术（能够与人打交道，提供获得名誉和尊重的机会，具有敏锐的观察力，对细节有很强的记忆能力，组织管理能力强，具有商业头脑和谈判技巧）

文学经纪人、作家。

商业/金融（高效工作，观察入微，充满道德感，坚持正义，无法忍受离经叛道的言行）

会计人员、各种类型的银行职员、企业金融律师、金融分析师、**金融顾问**、**注册财务检查师**、**投资银行家**、总裁/首席执行官、**股票**/证券/期货经纪人、风险投资人。

商业/管理/制造业（具有细致准确的记忆力、底线和成本意识、成熟的行政管理能力，需要秩序，能明确下达指令）

保险精算师、**行政服务经理**、**审计**、**企业老板**、首席财务官/出纳员、**首席信息官**、薪酬福利经理、**人力资源经理**、**保险索赔审查员/承保人**、**保险销售人员/经纪人**、**管理顾问**、**各种类型的管理者**（建筑、数据库、工厂、金融机构、医院、办公室、工业、产品）、项目经理、采购经理/采购员、房地产经纪人和评估师、**销售经理**（实体产品）、高层管理人员。

数字化/高科技（具有出色的细节记忆力，工作效率高，行政管理能力强，做事井井有条，不会偏离正轨）

计算机网络架构师、计算机系统分析师/信息安全专家、信息系统管理员、网络和计算机系统管理员、软件质保工程师。

教育（具有行政管理能力，尊重“体系”，具备常识，体贴，实际经验丰富）

运动员教练/训练员、**商科教授**、学校校长/管理者、大学主席、就业指导老师。

保健科学（追求精确度，观察细致入微，喜欢可以衡量的实际工作，具有管理能力）

牙医、超声波诊断医生、妇科医生、保健服务管理人员、医疗健康服务经理、医学实验室技术人员、护理主管、验光师、药剂师、初级护理医师、外科医生。

法律/执法/政府（遵守规则和程序，具有良好的行政管理能力，观察细致入微，就事论事，勇敢无畏）

合规官/**法律事务专员**、部门经理、消防员、政府人员、**调查员**、美国国税局人员、法官、律师（特别是行政管理、刑事案件、企业、雇佣关系、能源、产品责任、房地产、证券、交通运输）、军事官员、警察/惩教人员、安全顾问/警卫。

科学研究/工程/数学（遵守明确的流程和规则，坚持高标准，按合同行事，具有合规合宜的意识，有魄力，能够做出艰难的抉择）

土木/工业/机械工程师、电力工程师、飞航工程师、食品科学家/技术员、地质学家。

其他

建筑检查员、木工、成本测算师、电子技师、葬礼主持、总承包商、**酒店经理**、机修工、飞行员、水管工、**餐厅老板/经理**、船长、测量员。

案例分析 4

当职业难以为继时

八个学生中有三个在大声哭泣时，第四个也开始掉眼泪了。儿童早期发展教师珍宁·贝克威思（Jeanine Beckwith)不明白孩子们为何会情绪失控，但她开始觉得自己也该加入他们，好好哭一场。她本希望第二年会比第一年好些，结果却发现局面越来越糟糕。

珍宁的所有女性亲属都是教师。当她们在珍妮的毕业典礼上，为她鼓掌喝彩时，她感到十分骄傲。随后举行的庆祝活动让她感觉自己是如此重要，因为她继承了家族传承已久的传统。可如今，她独自面对一大群三岁的鼻涕大王，千方百计地想要维持好秩序。

她不愿承认，孩子们让她快把她逼疯了。从 12 岁帮人照看孩子开始，她就一直觉得自己无法跟上孩子们那种天马行空的思维方式，对他们游移不定的需求也相当敏感。作为一名教师，她已经无力维持秩序了，每个孩子都处在不同的学习层次，她工作的每一天里的每件事都是不可预测的。珍宁已经无计可施了；在这样的环境里，任何一个金蓝外向性格的人都会被逼疯。

跟她的阿姨吐露了这个秘密以后，珍宁开始探索如何利用她的教育学位找到一份更有条理、更可预测的工作。阿姨建议珍宁申请附近小镇上一所学校的助理校长一职。获得这份工作让珍宁欣喜若狂。能够主事，掌握控制权，并有管理和组织的能力，这全部满足了她金蓝外向性格的需求。短短几年之后，她就成为校长一职的候选人，并得到了同事的敬重。她再次对生活有了掌控力。

你的性格所面临的挑战

金蓝外向性格的人对工作存在一些特殊的、潜在的盲点。以下列举的特点有些与你相符，有些不相符。没有人会遇到列举的所有问题。特别关注这些盲点，可以减少它对你的不利影响。而后，采取更有效的做法，并把这些做法变成你的习惯。（下面的括号中列举了一些建议做法。）

你的性格盲点可能包括：

- 过早地拒绝接受新想法。（在没有弄清何人、何时、何地、何时、为何之前，不要否定任何观点。很多盈利的风险投资项目都是从未经验证的观点开始的。学着鼓励他人开展头脑风暴，并勇于向你介绍自己的结论。）
- 可能会过分关注他人的缺陷，而忽略他们的努力。没有给予同事必要的肯定。（在列举了对方的缺陷之后，不要忘了明确表扬那些值得被夸奖的同事，肯定他们的付出和努力。）
- 坚持固有的工作方式。（虽然经过检验、确实可行的方法有助于提高工作效率，但这些方法可能无法让你的公司保持活力，以应对变幻莫测的市场。面对变化的局面时，请专注于细节和成本控制，这些是你强项。）
- 为了推行自己的想法，你会在言语上变得咄咄逼人。（要把事情办好，需要他人自愿接受，而不是被迫妥协。你天生掌握了管理的艺术，只需再学习一些说服的技巧。请阅读每种性格色彩概述章节中的第一个表，学习如何说服其他颜色性格的人士。）

你的求职之路——优势和劣势分析

金蓝外向性格的人制作的描述准确、清晰美观的简历，通常会得到肯定的回复。如果面试官属于金色或蓝色性格，你会感到舒适融洽。然而，如果面试官是其他颜色性格的人，你需要事先准备并反复演练如何应对超出你舒适区范围的问题。很多人力资源部门的工作人员属于绿色性格。在第一轮面试前，学习如何有效地与这种性格的人沟通交流。

你的性格优势使你很容易：

- 拥有众多的朋友和广泛的交际网络，能够为你提供职位信息。
- 制定可量化的、符合实际的、定义明确的目标。
- 制定时间表、每日情况报告和预算，减轻求职给你自己和你的家庭带来的压力。

- 对潜在雇主进行充分的调查研究。
- 为面试做好充分准备。
- 在面试中给人留下工作勤奋、底线意识强的印象。
- 理智分析工作邀约的利与弊。

为了避免性格盲点造成不利影响，你必须：

- 在构建求职网络与分析求职信息之间实现平衡。
- 设法回报那些帮助过你的人；你的人脉关系有时会失灵，因为你太过自私自利。
- 为你唐突生硬的行事风格做些铺垫；对一些领域的话题进行谈话演练。
- 准备好在私人层面谈论你自己。（请一位愿意帮忙的绿色性格人士与你进行角色扮演的练习。）
- 愿意考虑其他行业的工作机会。
- 不要让意外的延迟和困难对你产生消极影响。
- 在接受新的工作邀约之前，安排一天充分考虑该职位是否合适。

 金蓝外向性格的面试风格

如果面试官的性格色彩与你的相近，你会立刻感到和谐融洽。然而，如果面试官看起来与你的性格相去甚远（从统计学角度看，这种可能性很大，他们通常具有绿色性格特征），请采取下面括号中提出的建议做法。尽力挖掘你的性格赋予你的能力，争取更多的工作机会。

你的性格会让你：

- 以恰到好处的细节来描述你过去的工作成绩。（绿色性格的面试官可能会问你这样的问题："你喜欢这些工作职责吗"，准备一些全面深入的答案，不要只回答"是的"）。
- 自己说得太多，但针对职位的提问较少。（如果面试官已经沉默了很久，你应马上停止"独白"，让他问一些问题，引导谈话方向。提前针对岗位准备一些问题，以便在面试过程中参考。）
- 只关注眼前的情况。（尤其当你面试的是一个高级职位时，你要做好准备回

答涉及未来规划的问题。在面试前，请一位蓝色性格的同事一起吃午饭，与他/她一起讨论一些想法。至少在面试前阅读有关该公司发展方向的公开说明。）

- 可能无法打破思维定式。（你条理分明的思考方式让你对自己职业发展的下一步胸有成竹，但这也可能让你忽略了其他的可能性。新的或是甚至一些你自己从没考虑去开创的领域，相比你原先规划的职业路线，可能会让你更快晋升到更高的职位。）

现在，休息一下，处理一些重要的管理事务。过后，浏览一下第 14 章“蓝色性格概述”。再仔细阅读第 24 章“调整自我，适应他人，别做傻事”，了解其他颜色性格的优势。

与所有颜色性格的人一样，你需要利用他人的优势，而且你可以让他们为你的工作出力，只要你知道如何识别出他们以及如何说服他们来帮助你。如果，你花点时间学习如何识别哪些最能协助你的人属于什么性格色彩（参见每种性格色彩概述一节的表 1），那么，每个人的工作效率都会提高。

如果你正在努力寻找工作，阅读第 27 章中的“职业生涯发展路线图”，摘抄些笔记。记下你的优势和策略，是一种具体务实、注重结果的方式，能够帮助你避开求职过程中的各种雷区。

21

金蓝内向性格

你不仅是一个金色性格的人，你还具有相当明显的蓝色性格辅助特征。经过测试，你确定自己是色商内向性格。也就是说，你需要通过独处，而非与人相处来恢复精力。你最喜欢看到事情有条理、高效率、可预测。由于你具有管理天赋，因此你内心有很强的管理冲动。

金蓝内向性格概述

无论加入哪个组织或团体，你都会是中坚人物。你行事周密、责任心强、勤奋努力。你拥有异常准确的记忆能力，能够清楚精确地记住他人的言词和行动。尽管你做事周到体贴，但还是会忽略一些正式礼仪方面的细节。例如，寄送感谢信，或称赞他人出色完成的工作等。

你注重实际、求真务实，严肃地对待自己的承诺和义务。无论身在何种组织，你都非常重视“体系”，喜欢依照合同约定办事，并根据程序来安排生活。有你相伴，你的孩子和同事都觉得很安稳。但前提是，他们必须达到你的高标准。你可能属于典型的“A 型性格”，在生活和工作中，你都会对他人提出很多要求。但这些要求并不是你随意提出的。你总是深思熟虑，并谨慎地对待各种变化。

你拥有成熟的管理技能、尽职尽责的职业道德、卓越的关注力。无论从事何种职业，你都能跻身高层。你对企业的高度忠诚又巩固了你的地位。

你会运用自己的逻辑思维、客观分析、常识知识和实际经验，推动项目工作。你喜欢提前计划、设定目标、掌控时间安排，满足这些条件的工作环境最能吸引你。你擅长执行明确的政策指令，确保所有事情都井然有序，步入正轨。你把做好本职工作当做头等大事，因此，你希望自己的成绩和优点获得公正的评价和应有的补偿。你能公平，并始终如一地对待他人。

家庭是你关注的核心。你尊重传统和习俗，庆祝节假日、生日、宗教或文化活动。对你而言，这些都是必须传承给后代的延续性象征。金蓝内向性格的人常常会为其子孙后代追述家族的历史，记录家族传统。

“恰如其分”是你的信条。如果他人混淆了是非，你会带着强烈道德意识，评判他们，并直言不讳地指出他们的错误。你只是希望身边的一切都能保持条理和秩序，不要因规矩被破坏而陷入混乱。甚至奇装异服和异常举止都会让你难以忍受。

案例分析 1

大学主席

凯思琳·沃尔德伦（Kathleen Waldron）博士是位于新泽西州韦恩镇（Wayne, New Jersey）的威廉·帕特森大学（William Paterson University）的主席。这所公立大学有超过 11 000 名学生和一座位于城郊的住宿校区。凯瑟琳在她的众多服务对象（包括学生、教职工、员工、校友、捐助方和政府官员）之间不辞劳苦地来回奔波。她是一位天生、优雅的领导者，有着卓越的管理能力。

凯思琳是富布莱特学者，1977 年取得拉丁美洲历史学博士学位。她曾在花旗银行工作了 13 年。1991—1996 年，她在花旗银行的事业达到巅峰，成为旗下位于迈阿密的国际银行（Citibank International）的主席。之后，她在长岛大学（Long Island University）的商学院担任了 6 年院长。2010 年来到威廉·帕特森大学之前，又在柏鲁克学院担任了 5 年主席。

她的成功是因为充分运用了自己的内向性格，而非违背天性。例如，很多人将她描述为一位“出色的倾听者”。“我是一个非常喜欢独处的人，一周之内可以阅读三本书。但现在很难做到这一点，晚间娱乐和其他活动占用了我大量的私人时间，”她说道，“不过，我知道这是不可避免的。”年轻时，凯思琳非常沉默寡言；如今，她已拥有了出色的人际交往能力。她说：“这一能力的培养是个十分漫长的过程。我必须学着自然地公开讲话，首先伸手主动与人打招呼，积极主动地与人交往。这的确很难。”

筹集资金是凯思琳工作的重要内容。她的银行工作背景和金蓝性格优势在这方面得到充分发挥。当她游说企业领导人时：“他们知道我是一个生意人，我会设定目标、衡量成果，我是一个严谨的管理者。他们认为自己的投资会被妥善利用。”凯思琳向投资人和她自己的员工反复强调“义务责任、管理组织和信息反馈”的重要性。她以机智地表述自己观点著称。这些都是金蓝性格的核心品质。

她还积极参与制定各种适用的教育评估制度。金蓝性格这种典型的重视结果与责任的品质，帮助她领导的近 1 000 名教职工创建适用于他们各自特定学科的评估模型。凯思琳说：“仅用就业来评判教育是否成功是一种非常狭隘的认识。我改变了这种领导话语，拓展了教学质量的评价方式，让教育慢慢教会学生分析能力、交流技能，以及赋予他们对人生更广意义上的认识，包括艺术和音乐素质的发展。”

在工作安排方面，她也展现了金蓝性格的典型品质：“我所需要的各项制度都已各就各位；稳扎稳打地接近我的目标；非常认真地编写工作日程；交叉检查是我的安排中必做的事项。我非常清楚地知道自己一年后要实现怎样的进步与改善。”

初入职场时，凯思琳就显露出分析问题：解决问题的天赋。现在，她性格中情感/直觉的部分开始发挥作用。“我相信领导力就是一部分人促进另一部分人的发展。看到人们比之前表现得更好，是最让我激动的事。”凯思琳展现出她所属的性格色彩所具有的大部分典型特征，尤其体现在她善于执掌船舵，保驾护航。

你的工作状态

作为团队领导

你的核心能力体现为“在合适的时间与地点，将合适的事以合适的工作量交给合适的人去做”。出色的后勤保障能力是金蓝外向性格领导者的显著特征。你能够向员工传达清晰连贯的指令，明白易懂的期望与职责说明，所以任何工作都能顺利完成。能够依照规则行事和工作表现达到你严格标准的员工，都能获得满意的回报。

你认为自己必须为所在组织的实际需求提供可靠的保障。你行事精准果断，知道如何将事情办好。

你做决定前，会尽量多地吸纳和评估多方面事实和意见。在选定最佳方案前，你必先权衡每个可选解决方案的成本。

作为团队成员

你能为团队做出很多积极贡献：你能快速找到问题所在；阐明问题、障碍和目标；讨论时引入逻辑思考的方法；不漏掉任何重要细节；确保所需资源到位备用；实事求是地查验成本数据。缺少了金蓝内向性格成员的团队，是无法发挥其最大作用的。

你对团队的其他成员有强烈的责任感和忠诚度。你知道自己的贡献是何其重要，你也非常努力地工作，不让他人失望。但是，你可能因为不愿分享信息，延误项目进程，和/或固守坚持自己认为正确的办事方法，招致其他团队成员的不满。

请参考表 21-1，明确你性格的工作优势。

表 21-1　与工作有关的性格优势

下面列举的特征约有 80%与你的情况相符。将符合的项目勾选出来，并将它们运用到你的求职简历和面试实践中。你的独特表现将会让你从其他人古板僵化的回答中脱颖而出。你：

- ❍ 无论作为领导还是员工，都能自然而然地调整适应组织安排给你的工作角色。

- 能准确把握任务的方方面面。
- 能制定并执行各项政策、程序和时间安排表，确保每个人都能高效工作，步入正轨。
- 能公平对待他人，赢得他人的尊重。
- 果断、有条理、能干。
- 专注力强，能独自工作很长时间。

现在，我们一起来看一些金蓝内向性格的人是如何在不同领域发挥性格优势的。

案例分析 2

投资和房产顾问

塞尔吉奥·德·阿罗约（Sergio I. de Araujo）的简历具有典型的金蓝内向性格特征。他对企业高度忠诚，极少变动职业。这满足了金色性格对于连续性、传统性和稳定性的需求。2008 年退休之前，他在美国信托公司（U.S. Trust Company）工作了近 20 年。他的最后职位是总经理兼东南地区高级投资官。

但在后半生，个人的主要性格特征会减弱，并开始探索身边其他颜色性格之人的特点。塞尔吉奥退休之后的简历看起来像一个 20 多岁活跃的年轻人。他暂时和他的儿子安德鲁（Andrew）一起，在巴西管理一家多头基金（long-only fund）公司。"我即刻与纽约的永核伙伴（Evercore Partners）旗下的永核财富管理公司（Evercore Wealth Management）建立了合作关系，"他说，"一年前，我取得佛罗里达州的房地产执照，并与 K-2 地产（K-2 Realty）达成合作。K-2 地产是一家相对年轻的公司，它已经小有成就，在棕榈滩县（Palm Beach County）和棕榈滩岛（Palm Beach Island）地区非常活跃。"

在与永核公司合作的过程中，塞尔吉奥充分利用其销售和人际关系能力，向该公司引见潜在客户，并可能会继续提出建议，帮助公司维护好客户关系。金色性格的人总是严格遵守既定方针，这在金融服务行业中是一种宝贵的品质。

维护客户关系的工作，如财富建议、规划、关系评估等，都是塞尔吉奥的优势所在，能够发挥他注重细节的品质与出色的组织能力。1971 年，他充分利用这些优势，帮助创建了花旗集团的国际个人银行分部，他职业生涯的前半部分都在那里度过，直到后来跳槽到了美国信托。在职业生涯初期，塞尔吉奥便掌握了如何让自己成为不可或缺的优秀人才。这个行业不断涌现出更年轻、更聪明、教育程度更高、薪金要求更低的职业经理人，渴望着把某个前辈取而代之。“我喜欢与客户一起工作，并很快意识到他们是我事业的依靠。”塞尔吉奥说。其他同行可能会凭借强势的投资表现、紧跟技术和专业发展的能力或贯彻合规性举措等，与他竞争，但塞尔吉奥认为卓越的客户服务是无法被取代的。

塞尔吉奥把这样的客户关系能力带到了他在永核和 K-2 地产的新工作中。“这两项工作是最让我感到愉快的，也让我很投入。”他这样说道。也许，现在这位金色性格人士要在第三份长期稳定的职业中，开始他的又一个 20 年职业生涯了。

案例分析 3

化学工程师、制造企业老板

在德国，小马汀·德埃格（Martin Deeg）唯一想做的就是玩泥巴。他的家人却不这么想。马汀说：“我的父母都是科学技术专业出身。在这样的家庭中，除了成为一名科学家，其他任何理想都得不到支持。工程师太边缘，不过还算可以接受。”20 世纪 60 年代，他父亲接受了美国光学公司（American Optical Corporation）材料研究总监一职，该公司位于马萨诸塞州索斯布里奇市（Massachusetts Southbridge）。于是，他举家移民到了美国。

青春期的叛逆使马汀大学时选择了考古专业。“那时，我想成为一名考古学家，我喜欢挖掘土和泥。”但父母的期望还是占了上风。在大学学习了化学工程课程后，马汀进入塞拉尼斯公司（Celanese Corporation）从事产品开发工作。起初，他是一名工艺开发工程师，最后获得了在职科学家一职。他在高性能复合材料和 PET/PBT 炼融纺丝领域拥有十多项专利。

加入斯科特纸业公司（Scott Paper Company）以后，马汀的工作内容得到了扩展。入职该公司时，他的职位是技术经理，最终晋升为全球业务开发总监，并主要负责市场营销方面。在斯科特纸业与金佰利公司（Kimberly Clark）合并以后，他获得高级研究员的头衔。

1999 年，他创办了伊卡洛斯西部有限公司（Icarus West, Inc.），并担任总裁。这是一家为多晶硅行业供货的小型制造企业。他说："我们生产非常清洁纯净、造价高昂、高度专业化的聚乙烯手套。"马汀对公司的所有环节都亲力亲为，负责每一位客户的联系工作。"我们没有竞争对手。"他说，其他公司"还达不到相同的质量标准。"毫无疑问，他作为金蓝性格，过程控制能力使其能够达到极高的标准。

不过，担任公司总裁也有不利的影响。他说："财务账目、接待供货商……缴税报税都让我倍感压力！但最让我痛苦的是客户持续不断的降价要求。我厌恶讨价还价，喜欢所有事情黑白分明、赏心悦目、直截了当。"

马汀并不认为自己目前已获得了成功。"等我哪天退休了，才真正取得了成功。对我来说，成功就是每天早晨醒来，对当天要做的任何事情都充满期待。"为了实现目标，马汀希望重新开始。"做一些相对基础的清理、建设和挖掘工作……走到室外，来来去去地摆弄着泥土似乎会是件挺有趣的事……这为我购买大型的机械玩具提供了理由。"

理想的工作环境

对凯思琳・沃尔德伦和塞尔吉奥・德・阿罗约来说，一个稳定的、备受尊敬的机构，提供一个可以预见的未来，就是他们喜爱的工作环境。马汀・德埃格拥有自己的企业，并经常在家工作。

在收到工作邀约的时候，尽可能地利用好表 21-2 中的内容。

表 21-2　金蓝内向性格的理想工作环境

请将你目前的工作环境与下面的描述进行对比。如果这些描述看起来理所当然，这说明你给自己确定的性格色彩是正确的。其他颜色性格的人，特别是绿色和红色性格的人，可能觉得这样的环境不舒服，也不利于提高工作效率。金蓝内向性格理想的工作环境：

- 有清楚明晰的规则与要求。对你来说，工作期间花费宝贵的时间来为规章制度查缺补漏是一种浪费。你不希望受到这种干扰。
- 同事工作勤奋，并为自己能够正确行事感到骄傲。如果大家对如何完成任务想法一致，工作就会容易得多。你将他人的危机和情绪化行为视为不必要的弱点，甚至认为他们这样做影响了团队的士气。
- 稳定、备受尊敬、为员工提供可预见的职业前景。你工作很努力，并希望获得金钱回报与他人尊敬。小微、发展中的公司或问题丛生的公司无法提供这些前景。你是典型的大型企业员工。
- 鼓励可靠、准确的工作方式。你守时，总有精心安排的时间表，工作有始有终。缺少金蓝内向性格员工的公司，都无法保证长期经营良好。你应当得到认可。
- 工作业务包含具体实际的项目与产品。对你来说，无形的服务难以量化和衡量，你喜欢做看得见、摸得着的工作。
- 以结果为导向。任何无法通过电子数据表进行评估的工作，你都会毫不掩饰地表示怀疑。
- 等级结构清晰。组织架构给你舒适感，并能让你集中精力做好手头的工作。
- 重视忠诚和责任感。二者深植于你的核心性格，是自然而生的品质。如今，很多企业不再重视这些品质。因此，比起对公司忠诚，选择对某位前辈忠诚，对你来说更有益处。
- 允许你拥有个人的私密空间。你是一个内向性格的人，即使你拥有高超的人际沟通能力，与他人打交道会让你筋疲力尽。如果你不得不和他人在同一个空间工作，那么，当一天的工作结束时，你会感到更加疲惫。在私人空间里，你的思维和工作表现都会更好，因为你能够对项目进行深入思考；如果可能，应该将其作为到岗就职的前提条件之一。

符合以上所有条件的工作环境将是你事业发展的沃土。

对于金蓝内向人士来说，最糟糕的莫过于组织松散、缺乏明确目标和成功标准的企业环境。“你只是和你的前任做得一样好（填了职位的空缺而已）”，这种工作环境会让你抓狂。

你也讨厌与那些将工作当成个人恩怨的人共事。你希望将精力放在工作任务上，情感问题让你捉摸不透，让你分心。永远不要为一个将直觉置于硬性数据之上的公司工作。你需要熟悉事实细节、成本底线和规章制度，才能更舒服地工作。

当金蓝外向性格的人处于这种非理想化的企业文化中时，其工作效率将很难提高，想要取得事业上的成就变得像攀山越岭一样艰难。

 金蓝内向性格的理想老板

如果老板与你性格不合，即使工作不错也会让你感到沮丧和挫败；如果老板很对你的胃口，即使职位一般，你也不愿意辞去。金蓝性格与其他类型金色性格的人特别容易相处。不过，如果是其他颜色性格的老板，只要拥有表 21-3 中列举的品质，也会成为你的良师益友。

表 21-3　金蓝外向性格的理想老板

如果符合，请打钩。你的老板：

- ❍ 非常受尊敬，不管是在私人生活中还是在职业工作中。
- ❍ 看重你的经验、缜密和努力。
- ❍ 给予你明确的、总体的指导。
- ❍ 不会对你管得过细。

 对金蓝内向性格具有很强吸引力的职业

和塞尔吉奥·德·阿罗约一样，你希望能找到一个让你宾至如归的雇主单位。在那里，你在清晰的规章、制度、程序和要求下，可以非常舒适地工作许多年。你需要尽可能地保证未来的可预测性和工作的稳定性。像凯思琳·沃尔德伦一样，在一个有着清晰的行政管理体系的企业，晋升到管理高层，是最让你开心的事。和马汀·德埃格一样，你特别希望自己行事准确、办事稳妥的能力得到赏识。

需要指出的是，也许你并非对以下所列的职业都有兴趣。但你应该知道，其中的每一种职业都在某种程度上让你能够发挥性格优势，而且，它们确实吸引了大批与你同属金蓝内向性格的人。这不是一个完备详尽的列表，但足以说明这些职业偏好的深层规律。如果列表以外的某种职业呈现出类似的规律，那么你从事

该职业获得成功的概率就会更高。每个部分括号中的内容，标注出了在这个大类中会带来成功的性格特征。

根据我们的研究，我们预测列表中粗体标注的这些职业，在未来几年里会有高于平均水平的大幅增长。这一结论是基于美国劳工部和劳工统计局公布的数据得出的。这些数据公布在两个部门的网站：O*NET OnLine (www.onetonline.org) 和 http://www.bls.gov/CAREER-OUTLOOK/中，并且不断更新。你可以从中了解到，有关岗位要求和薪酬范围深入、全面的信息。

在任何岗位上，任何颜色性格的人都有成功的例子。在并不理想的职位上，你仍然可以打造一片属于自己的天地，发出自己的光芒。

商业/金融（高效工作，观察入微，充满道德感，坚持正义，无法忍受离经叛道的言行）

会计、**审计**、银行职员（所有类型）、预算/财务分析师、信用分析师、**金融顾问**、**注册财务检查员**、**投资银行家**、销售人员——高端产品和服务（更少顾客，但更大量需求分析）、**股票经纪人**、出纳/首席财务官、风险投资人。

商业/管理/保险/制造业（具有细致准确的记忆力、底线和成本意识、成熟的行政管理能力，需要秩序，能明确下达指令）

保险精算师、**行政服务经理**、**首席信息官**、薪酬福利经理、总经理、**行政助理**、**人力资源专员**、**保险索赔审查员/承保人**、**管理分析师**、**管理顾问**、**各种类型的管理者**（建筑、数据库、工厂、金融机构、医院、酒店、工业产品、办公室、销售）、项目经理、**房地产经理**、采购经理/采购员、房地产经纪人和评估师、**统计学家**、**技术文档撰写人**。

数字化/高科技（具有出色的细节记忆力，工作效率高，行政管理能力强，做事井井有条，不会偏离正轨）

计算机程序员、**计算机系统分析师**、**数据库管理员**、**信息安全分析师**、**信息系统管理员**、网络系统管理员、**软件质保工程师和测试员**、**网络/软件开发者**。

教育（具有行政管理能力，尊重“体系”，具备常识，体贴，实践经验丰富）

运动员教练/训练员、图书管理员、教授、学校校长/管理者、大学主席、就业指导老师。

保健科学

牙医/牙科保健员、皮肤科医生、妇科医生、医疗健康服务经理/技师、医疗记录技术员、验光师、药剂师、初级护理医师、公共卫生官员、放射科技术员、外科医生/手术技术员、兽医/兽医技师（追求精确度，观察细致入微，喜欢可以衡量的实际工作，具有管理能力）。

法律/执法/政府（遵守规则和程序，具有良好的行政管理能力，观察细致入微，就事论事，勇敢无畏）

合规官、法规事务专员、部门经理、消防员、调查员、美国国税局人员、法官/地方法官、律师（特别是行政管理、反垄断、破产、房地产、证券、税务、交通运输）、军事官员、飞行员、警察、安全顾问/警卫。

科学研究/工程/数学（具有良好的细节记忆力，工作效率高，能够应付工作中实在的事物和项目，做事井井有条，不会偏离正轨）

制图师、工程师（土木、化学、环境、航空、卫生与安全、工业、机械、核能）、地质学家、气象学家。

其他

木工、电子技师、总承包商、机修工、水管工、测量员。

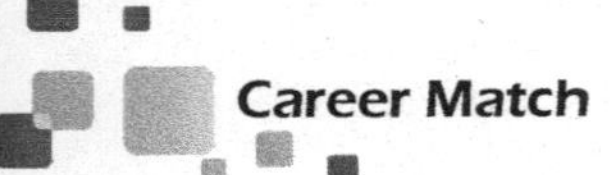

案例分析 4

当职业难以为继时

布拉德·甘特（Brad Gunter）受够了，高工资也无法弥补他不断恶化的感受。更为糟糕的是，他感觉自己被困在这里了。布拉德的叔叔菲尔（Phil）是洛杉矶一家大型广告公司的合伙人。是菲尔为他找到这份待遇颇丰的客户经理工作。布拉德发疯似地希望离开这里，但他又不想让家人失望。

这一天，即使驾驶着崭新的保时捷卡雷拉跑车穿行于洛杉矶的滚滚车流中，他也无法像过去那样兴奋了。他本该洋洋得意，但却倍感煎熬。布拉德刚刚签下一家大型航空公司客户。今天，几乎整个公司的员工都到他的个人办公室席卷了一番。创意部希望他提供思路，一起进行头脑风暴，这正是布拉德讨厌的。由于公司签下了迄今为止最大的客户，后勤部门需要大量手把手的指导。高层安排他加入三个新的团队，但团队工作让他害怕。他只想针对潜在的航空客户，进行一次人口统计信息的筛选，然后为需要的同事做好备忘。可是，一整天他都没有机会翻一翻他的参考资料。过多地与人接触，让内向的他痛苦万分。

最终，一个愉快的念头闯入了他混乱不堪的脑海：米歇尔（Michelle），那个他刚刚结识的年轻可爱的女人。几天前一起吃午饭时，他们兴致勃勃地谈起了她所从事的房地产评估师工作。起初，布拉德认为他不会喜欢这个极其枯燥的话题，结果他惊讶地发现自己对米歇尔的工作充满了兴趣。真实数据收集、同类房产对比、长时间独自研究文件，等等。此刻，在布拉德眼里，米歇尔的工作宛如天堂。毫无疑问，这份职业非常适合布拉德的金蓝内向性格。

时光如梭。两年之后，布拉德终于鼓足勇气，不顾家人反对，放弃了令他痛苦不堪的客户经理职位。利用之前赚取的佣金（有数十万美元），在学习如何成为一名房地产评估师的这段时期，布拉德能够衣食无忧。布拉德与米歇尔结婚之后，米歇尔辞去了自己的工作，两人创办了自己的评估事务所。布拉德非常喜欢这份新职业，每天都精神抖擞地工作，并准备招聘几名员工。

 你的性格所面临的挑战

金蓝内向性格的人对工作存在一些特殊的、潜在的盲点。以下列举的特点有些与你相符，有些不相符。没有人会遇到列举的所有问题。特别关注这些盲点，可以减少它对你的不利影响。而后，采取更有效的做法，并把这些做法变成你的习惯。(后面的括号中列举了一些建议做法。)

你的性格盲点可能包括：

- 过早地拒绝接受新想法。(在没有弄清何人、何时、何地、何时、为何及其成本代价之前，不要否定任何观点。)
- 可能会过分关注他人的缺陷，而忽略他们的努力。没有给予同事必要的肯定。(在列举了对方的缺陷之后，不要忘了明确表扬同事。感谢那些付出努力的人，当他们出色的工作表现远远胜过了他们的一些小瑕疵，你应该表扬他们。)
- 强调即时结果，忽视长远意义。(投入一些时间进行长期规划，以更加积极的心态将它作为一种工具利用起来。请一位愿意帮忙的蓝色性格人士为你提供帮助。)
- 坚持固有的工作方式。(虽然经过检验确实可行的方法，有助于提高工作效率，但这些方法无法让你的公司保持活力，以应对变幻莫测的市场。另外，已有的方法可以继续改进。请关注何人、何事、何地、何因，以及改变程序可能付出的代价，这样你也能为改进做出贡献。)
- 对于他人应该如何履行自己的责任，你可能持僵化态度。(本书展示了其他颜色性格的优势，这些优势可能是你所不具备的。结果最重要，但达到目标的效率并不是必不可少的。在结果尚未出现时，请正面评价他人的智慧，感谢他们提出质疑。万一结果是他们的方法比你的更好，你总不希望大家觉得你很愚蠢吧。)

你的求职之路——优势和劣势分析

金蓝内向性格的人需要对信息进行加工和理解。如果面试官属于金色或蓝色

性格，你会感到舒适融洽。然而，如果面试官是其他颜色性格的人，你需要事先准备并反复演练如何应对超出你舒适区范围的问题。很多人力资源部门的工作人员属于绿色性格。在第一轮面试前，学习如何有效地与这种性格的人沟通交流。

你的性格优势使你很容易：

- 制定符合实际的目标和时间表。
- 对潜在雇主进行充分的调查研究。
- 为面试做好准备，并在面试中给人留下工作勤奋、能力出众的印象。
- 理智分析工作邀约的利与弊。
- 耐心对待延迟和阻碍。
- 对自己处理底线问题的能力信心十足。

为了避免性格盲点造成不利影响，你必须：

- 走出你的朋友圈子，扩展你的人际网络。
- 准备好要向面试官提出的问题。
- 找一位愿意帮忙的蓝色或绿色性格人士，一起进行头脑风暴，考虑其他可能从事的职业。
- 更自信果断地推销自己。
- 思考一下潜在雇主企业的未来发展方向（请一位愿意帮忙的蓝色性格人士为你提供帮助）。
- 克制自己对于变化过分小心的心理。
- 当你急于做决定时，冷静地花一两天时间好好想想某份工作会对于你和你的家人产生了哪些影响。

金蓝内向性格的面试风格

如果面试官的性格色彩与你的相近，你会立刻感到和谐融洽。然而，如果面试官看起来与你的性格相去甚远（从统计学角度看，这种可能性很大，他们通常具有绿色性格特征），请采取下面括号中提出的建议做法。

你的性格会让你：

- 显得沉着冷静。（这看起来或许会有点冷漠——大部分面试官期待看到面试者流露出一点点紧张。所以，确保你比平时讲更多的话，尤其是在面试刚开始的时候。)

- 陈述自己的经历时，要用他人容易读懂的方式精心编排。
- 喜欢在面对面的交流之前先进行书面交流。(在面试之前，演练好各种面试问题。这样能增强你的信心。)
- 很少向人表达自己的情感。(很大程度上，绿色性格的面试官会根据他/她对你的情感反应来决定是否录用你。如果面试官问你这样的问题："你和上一份工作同事的关系怎么样？"他/她可能是一位绿色性格的人。通过详细回答情感类的问题，与这样的面试官建立起私人的友好关系，你要充分重视这个环节。请一位愿意帮忙的绿色性格人士与你进行角色扮演，做好准备。)
- 只关注眼前的情况。(尤其当你面试的是一个高级职位时，你要做好准备，回答涉及未来规划的问题。在面试前，请一位蓝色性格的同事一起吃午饭，与他/她一起讨论一些想法。至少在面试前阅读有关该公司发展方向的公开说明。)
- 全程跟进，不放过任何一个细节；遵守最后时限和责任承诺。(面试官喜欢看到你按要求寄送各种材料，打电话来咨询跟进，按时赴约，并送上感谢信。)

好了，现在去做一些目的明确的事情吧。然后，请浏览第 14 章"蓝色性格概述"，然后再仔细阅读第 24 章"调整自我，适应他人，别做傻事"，了解其他颜色性格人士的优势。与所有颜色性格的人一样，你需要利用他人的优势，而且你可以让他们为你的工作出力，只要你知道如何识别他们以及如何说服他们来帮助你。如果，你花点时间学习如何识别那些最能协助你的人属于什么性格色彩，那么，每个人的工作效率都会提高。你可以通过快速阅读蓝色、红色和绿色性格的概述章节，来掌握这一技能。

如果你正在努力寻找工作，阅读第 27 章的"职业生涯发展路线图"，并摘抄些笔记。记下你的优势和策略，是一种具体务实、注重结果的方式，能够帮助你避开求职过程中的各种雷区。

22

金绿外向性格

你不仅是一个金色性格的人，还具有相当强烈的绿色性格辅助特征。经过测试，你是色商外向型，也就是说，你需要通过与他人相处来重振精神，而不是通过独处来恢复精力。你所属的这一性格类型重视效率、精确度、可预测性、传统和社会责任。鼓励、肯定他人是你强烈的内在动力。半个多世纪以来，全球广泛的研究表明这些都是金绿外向性格的核心特征，应该与你相符。（如果不相符，回到自我评估部分，根据说明重新进行自我评估。）阅读与你性格完全相符的章节，这一点至关重要。因为，这能够显著改善你的职业和私人关系的品质。另外，以下的信息还能为你求职提供帮助。

金绿外向性格概述

自童年时起，你就把精力主要集中在保障周围人（包括家人和同事）的福利方面。你肯定他人，让他们感到轻松惬意。你所属的这一类性格一直对人充满好奇心，且具有敏锐的观察力。

尝试新想法令你难受；你喜欢做实实在在的工作，坚持经验主义。很少有细节能够逃过你的眼睛，你可能感觉自己已经“看尽一切”。由于更关注此时此地之事，你有意地回避变化，尽量少地思考未来。

崇高的职业道德是你最优秀的品质之一。你以最严肃的态度对待责任与义务。能坚定不移地贯彻计划。需要帮助时，你能轻而易举地动员他人。你所属性格类型的优势包括：预测需要做的事情、参与细节工作、合理安排资源与程序。在工作中，你能够创造和谐稳定的气氛，永远清楚如何才能既服务他人又实现目标。你是一名完美的志愿者或服务业工作者。

与他人交往时，你既坦诚直接，又讲求策略。那些与你的个人热情与职业道德不符的人让你难以忍受。他们粗鲁无礼、不可信赖、毫无准备。

现在，我们来看一个金绿外向性格的真实案例，看看以上所有的性格特点是如何体现出来的。

案例分析 1

企业活动策划执行经理

初见弗兰基·路考斯迪克（Frankie Lucostic），他给人的第一印象是结实瘦长、喜欢玩乐、喜欢社交。他在纽约一家行业领先的全球金融服务公司的一个分支机构，担任美洲活动策划部的负责人，他非常适合这个职位。

“关键是要创造出一种经历，以及如何以服务征服对方，”弗兰基说，“我自然而然地就能做到。”他既策划又执行，从开始到结束，“从最初的想法策略到现场的细枝末节之处，这真是非常值得”，他说。

活动策划师通常对各种各样有趣的事物保持开放态度并积极追求。弗兰基的童年梦想是成为一名整容外科医生。但他在大学却主修了行政管理，辅修市场营销，并立志要进入法学院学习。他得偿所愿，但又觉得这并不适合他。“第一次求职时，我的标准是公司文化以及我对其工作内容的喜爱程度。很偶然地，我找到一份活动策划的工作，”他解释道，“那之后，我曾经做过一段时间的客户管理、企业内部沟通和招聘的工作，但总会做回活动这一块。”他说，“我离不开活动”。

他的绿色辅助性格特征和外向性格特点，在与内外部客户接触的过程中，得到极大的激发。学习在活动策划中更加讲求策略性（对于蓝色性格的人来说很简单），但对于注重细节的金色性格人士来说，这一点较难做到。弗兰基花费不少时间学习如何对结果进行管理。他说：“因为我在一个充满细节的行业工作。放下过去、继续前进对我来说很难。”不过，保障参与者和同事们的福利是金绿性格的弗兰基关注的焦点：“任凭计划得再周密，总会有些意料之外的事情发生。总有新的挑战，所以要保持活力。”

他的金色性格主色特征把他推到了经营管理的高位。“在之前一份工作中，我已逐渐晋升为领导，虽然我仍着手策划和执行，但同时也管理着一个小团队，”他说，“那之后，我就被提升为领导角色，负责部分业务/运营的工作，最后成为整个团队的一把手。做活动‘需要一村子人’，所以一个强悍的团队必不可少。”

弗兰基现在领导的团队有八名活动策划专家。他们为超过 100 000 位高级管理人员提供超过 200 场现场活动和区域性活动。“这些活动可是极其高端‘定制’的。”他说。金绿外向性格之人的长处就是激励他人通力合作，实现目标。

尽管这位勤奋努力的领导近期不打算让工作节奏慢下来，但他明白找到更健康的工作/生活平衡将会是他未来计划的一部分。但首先，他说：“我总是问我自己，我会在所扮演的任何一个角色中留下什么样的遗产？”金色性格的人非常希望能给世界带来积极持久的影响。弗兰基的外向性格具有与人互动、与许多人交流影响的天赋，因此，这个愿望对他来说不会太难。

你的工作状态

作为团队领导

你的核心能力体现为“在合适的时间与地点，将合适的事以合适的工作量交给合适的人去做”。出色的后勤保障能力是金绿外向性格领导者的显著特征。你能够向团队的所有成员传达清晰指令和说明，这使团队保持高效。

你喜欢肩负责任，并把这视作制定合理制度和流程的工具。你认为自己有责任正确地利用所有资源，并小心地避免资源的滥用。

对于挑战权威的人所提出的工作日程，你深表怀疑，并认为他们是懒惰成性或是麻烦制造者。你为人忠诚，也希望他人以忠诚回报。你真诚关怀团队的成员，这不仅赢得了他们的忠诚，也获得了他们的善意回应。

作为团队成员

你鼓励各位成员分享自己的观点和想法。一旦目标确定，你会成为提出清晰而实际的观点来促进目标实现的那个人。在规定的时间和预算内完成任务，是你唯一能接受的做事方式。你会确保商定的工作计划稳步推进，为每个人记录进展情况，获取所需资源，尊重规则与程序。

虽然其他团队成员可能不会提前意识到自己需要何种资源，但你早已替他们考虑并做好了准备。你对团队的贡献是巨大的。然而，由于说的太多，你可能招致他人不满。如果有一段时间众人都保持沉默，你应该请大家发表意见。面对他人的不同意见，你可能会因为过多从个人角度考虑而感到闷闷不乐，这也会影响你的工作效果。

请参考表 22-1，明确你性格的工作优势。

表 22-1　与工作有关的性格优势

下面列举的特征约有 80%与你的情况相符。将符合的项目勾选出来，并将它们运用到你的求职简历和面试实践中。你的独特表现将会让你从其他人古板僵化的回答中脱颖而出。你：

- ❍ 强烈渴望为他人提供服务。
- ❍ 承认并尊重机构的行政管理系统。
- ❍ 能够轻松地重复和连续完成任务。
- ❍ 能够运用常识。
- ❍ 能够激励他人，共同实现目标。
- ❍ 坚持不懈，直到工作完成。
- ❍ 在规定的时间和预算内完成任务。

案例分析 2

慈善家和历史文献保护者

在20世纪许多个炎热的夏日里，两个小女孩在易卜拉欣宫廷的花园中玩耍。这座王宫是埃及开罗郊外的一座建筑瑰宝。这两个女孩，一个来自匈牙利，几年前逃离本国来到埃及；另外一个是公主法兹尔·易卜拉欣（Fazilé Ibrahim），埃及皇家成员，也是奥斯曼土耳其帝国最后一位君王的重孙女。

在被人们称为“黑色星期六”的那天，发生了政变。数千名宗教原教旨主义者、共产主义者、激进学生开始在街上聚集。在24小时内，曾给开罗带来荣耀的许多标志性建筑被付之一炬。牧羊人酒店的客人通过窗户被扔到大街上。我们能看到暴徒从汽车里把人拉出来，然后用石头将他们砸死。这段记忆永远不会被遗忘，因为这也是作者本人的故事。

两个家庭迅速逃离了埃及，一个家庭来到了美国，另一个则前往法国定居。直到30年以后，我们才得以重聚。

今天，法兹尔公主是易卜拉欣帕夏埃及基金会（Ibrahim Pasha of Egypt Fund）的主席，该基金会是位于伦敦的英国皇家亚洲协会（Royal Asiatic Society）的一个附属机构。该协会致力于推动国际范围内的奥斯曼帝国研究，包括出版从古典时期到1839年之间具有重要历史意义的奥斯曼帝国的文件和手稿。作为一名真正的外向性格人士，法兹尔是一位积极的实干家。她奔走各地，宣传基金会的宗旨，鼓励人们提供各种手稿。她说：“我非常清楚，为了实现基金会的真正目标，我要亲自参与基金会所有环节的工作。”她的专注与决心充分体现了金绿性格的特有品质。

让学者们熟悉基金会的工作并不是件容易的事，但是法兹尔公主一直非常努力地寻找奥斯曼时代的文献，这些文献将为历史研究提供基础。她说：“目前，我们的基金规模还小、知名度也不高，人们不会主动找上门来与我们联系。我们必须面带微笑，积极动员……并且充满耐心。”她曾拜访过土耳其两所著名大学的历史学家，并参观了伊斯坦布尔档案中心。

当发现具有重大历史价值的手稿时，她说："我感觉这是上天对我的恩赐，我再也不会怀疑自己工作的意义。"这些发现让她尤为振奋。金色性格的人尊重历史，也重视历史保护。

公主是这样定义成功的："做我喜欢做的事，同时也是其他人关心的事。"当我们询问她的性格优势时，她有点儿犹豫地说："也许我非常顽固。事实上，我想要得到的东西，都是我激烈斗争之后才得到的。"她认为自己并不是一名商人，但金绿外向性格的这些特点对她很有帮助。

理想的工作环境

一个工作稳定、组织合理并提供可预测未来的机构，是能让金绿外向性格感到宾至如归、轻松惬意的工作环境。

在收到工作邀约的时候，充分利用表 22-2 中的内容。

表 22-2　金绿外向性格的理想工作环境

请将你目前的工作环境与下面的描述进行对比。勾选与你相符的项目。如果这些描述看起来理所当然，这说明你给自己确定的性格色彩是正确的。其他颜色性格的人，特别是蓝色性格的人，可能觉得这样的环境不舒服或无法保证工作效率。金绿外向性格理想的工作环境如下：

- ❍ 稳定的、在圈子里享有很高的声誉和知名度的机构。你喜欢老牌机构，初创企业对你没有吸引力。
- ❍ 工作业务包含具体、实际的项目与产品。对你来说，无形的服务难以量化和衡量。你喜欢做看得见，摸得着的工作。
- ❍ 有明确的制度、汇报程序和工作要求。对你来说，花费宝贵的时间来为规章制度查缺补漏是一种浪费。你不希望受到这种干扰。
- ❍ 允许你在小组或团队中工作。你需要和组织性强的人一起工作。
- ❍ 有可以信赖的同事。你希望能保障同事和客户的利益，也希望他们能这样对待自己。
- ❍ 以服务为导向。你天生就是以服务为导向的，希望在一个尊重这些价值观的地方工作。

- 赏识可靠的人。你极少延误工作的最后时限。
- 提供财务保障。你为自己的能力感到骄傲，也希望得到合理的报酬。
- 让你感觉是大家庭的一部分。在社团式的集体里，你会成长成功。
- 让你能够照顾家庭的需要。因为你确保工作上的目标得以达成，你希望能有时间处理重要的家庭事务。

符合以上所有条件的工作环境将是你事业发展的沃土。

对于金绿外向的人来说，最糟糕的莫过于非人性化并高度竞争的工作环境。频繁出现的变化使你感到自己的管理与组织优势变得毫无价值。你需要规则、稳定、积极的人际交往，从而确保工作的舒适性。

当金绿外向性格的人处于这种非理想的企业文化中时，其工作效率将很难提高，想要取得事业上的成就变得像攀山越岭一样艰难。

金绿外向性格的理想老板

如果老板与你性格不合，即使一份不错的工作也会让你灰心沮丧；如果老板很对你的胃口，即使职位一般，你也不愿离去。金绿性格与其他金色性格尤其容易相处。不过，如果是其他颜色性格的老板，只要拥有表 22-3 中的列举的品质，也会成为你的良师益友。

表 22-3　金绿外向性格的理想老板

如果符合，请打钩。你的老板：

- 对每一位员工表现出适当的个人关怀。
- 清楚说明需要做的工作。
- 设定能够实现的目标。
- 可以信赖，确保所需资源到位。
- 遵守固定的完成期限。

对金绿外向性格具有很强吸引力的职业

像法兹尔·易卜拉欣公主和弗兰基·路考斯迪克这样的金绿外向性格人士较

多地集中在有职业尊严，对能力有较高要求，工作成果对社会有益的行业里（特别是在知名度高的机构中）。为了达到最优秀的工作表现，你需要工作具有可预测性和稳定性。晋升到高级职位时，你会召集一群精明能干且忠诚可靠的员工。

需要指出的是，也许你对以下所列的职业并非都有兴趣。但你应该知道，其中的每一种职业都在某种程度上让你能够发挥性格优势，而且，它们确实吸引了大批与你同属金绿外向性格的人。这不是一个完备详尽的列表，但足以说明这些职业偏好的深层规律。如果列表以外的某种职业呈现出类似的规律，那么你从事该职业获得成功的概率就会更高。每个部分括号中的内容，标注出了在这个大类中会带来成功的性格特征。

根据我们的研究，我们预测列表中粗体标注的这些职业，在未来几年里会有高于平均水平的大幅增长。这一结论是基于美国劳工部和劳工统计局公布的数据得出的。这些数据公布在两个部门的网站：O*NET OnLine (www.onetonline.org) 和 http://www.bls.gov/CAREER-OUTLOOK/中，并且不断更新。你可以从中了解到，有关岗位要求和薪酬范围深入、全面的信息。

在任何岗位上，任何颜色性格的人都有成功的例子。在并不理想的职位上，你仍然可以打造一片属于自己的天地，发出自己的光芒。

商业/管理/促销/销售（喜欢与人打交道，具备组织管理能力，采取直截了当又讲究策略的交流方式，向往服务型职业）

薪酬福利经理、**会议和活动策划师**、**企业培训师**、**客户服务代表**、**节能专家/执行官**、**人力资源经理/专员**、保险承保人/代理人、**人事关系专员**、说客、**销售经理**（广播、电视）、办公室经理、**表演艺术经理人**、**个人金融顾问**、**公共关系经理/专员**、房地产中介/**经理/评估师**、销售人员（实体商品）、服务销售代表、城市和区域规划师。

数字化/高科技（能够出色地与技术人员、其他员工和客户沟通）

客户关系经理、针对高科技人员的人力资源招聘专员、**社交媒体经理**。

教育（希望能为社会做出有益的贡献，遵守规则，尊重职业，向往服务型职业）

运动员教练/训练员、校长、学校行政人员、教师（幼儿园、小学、中学、家政、特殊教育）。

保健科学/心理学

生物医学技术专家、脊椎按摩师、牙科保健员、牙医、膳食专家、运动生理学家、保健管理员、救济院护理人员、医院行政管理人员、护士/护理主管、验光师、儿科医生、药品销售人员、药剂师、初级护理/家庭医师、医师助理、公共卫生推广人员、放射科技术员、言语病理学家、所有类型的治疗师（职业、物理、放射物、呼吸、言语）、兽医/兽医助理/技术员（工作能力强，尊重职业，向往服务型职业，观察细致入微，对人充满好奇，善于令人放松，想要保障他人的福利）。

人本服务（向往服务型职业，喜欢与人打交道，善于肯定鼓励他人，能够帮助他人冷静下来，尊重职业，希望为社会做出有益贡献，尊重传统）

托儿中心主管、顾问（职业、儿童福利、员工帮助、家庭、药物滥用）、筹款人、历史文献管理员/保护工作者、慈善家、宗教领袖（牧师、拉比、教育推广人）、社会和社区服务经理、社工。

法律/餐饮/小企业（向往服务型职业，喜欢与人打交道，讲究沟通策略，观察细致入微，想要保障他人的福利）

酒店/餐厅经理、旅馆老板、律师（除了对儿童、顾客纠纷、家庭问题和医疗保健的领域，其他方面兴趣不大）、零售商店老板/经理。

其他（向往服务型职业，观察细致入微，喜欢与人打交道，善于肯定鼓励他人，对美感触敏锐）

宴会筹备人、美容师、法院书记官、时尚设计师、乘务员、发型师、室内设计师、景观设计师、博物馆保护人员、法律助理、私人训练员/健身教练。

案例分析 3

能源效率执行经理

劳拉·麦格罗里（Laura Van Wie McGrory）全身心地投入为满足全球能源需求的事业中。她是美国节能联盟（Alliance to Save Energy）国际政策项目（international policy）副主席。美国节能联盟是美国参议院查尔斯·珀西（Charles Percy）和休伯特·汉弗莱（Hubert Humphrey）于 1977 年成立的一个非营利性组织。该组织专注美国能源政策，并致力于提高全球能源效率。

劳拉管理着亚洲、非洲、东南欧和拉丁美洲的能源效率项目，包括国际能源生产能力、政策和监管改革、绿色建筑认证、建筑规范执行、公共能源事业需求侧管理能力培养、市政效率项目资金保障、节能交通推广以及供水工程等。效率和社会责任是这类性格人群的两大重要驱动力。

她凭借自己出类拔萃的简历拿到了现在这份职位。简历的起点是哥伦比亚大学国际公共事务学院国际事务硕士学位。

她开始为世界银行（World Bank）、美国国家环境保护局（U.S. Environmental Protection Agency）和联合国政府间气候变化专门委员会（Intergovernmental Panel on Climate Change）提供研究报告。担任劳伦斯伯克利国家实验室（Lawrence Berkeley National Laboratory）华盛顿特区中心的负责人时，她获得了更多国际关注，让她有机会接触美国能源部（U.S. Department of Energy）。她协助起草了美国电器能效标准的制定原则。她还为亚太清洁发展与气候伙伴计划（Asia-Pacific Partnership on Clean Development and Climate）和亚太经济合作组织（Asia-Pacific Economic Cooperation）提供技术支持。

她的工作队对她的绿色性格很有吸引力。“最让我着迷的是谋求协作效应，以及与其他国家的政策制定者合作。”她说。但她的金色性格主色让她更关注细节，而非未来愿景。她说：“我最成功的一些案例是将许多专家提供的信息组合在一起，形成一篇连贯有用的报告。我没有提出什么重大的、全新的突破性观点。我邀请他人一起参与进来，然后跟进并确保项目以很高的质量标准顺利进行。”

但当一份薪水颇丰的华盛顿政府的理想工作摆在她的面前时，她却没有接受。她回忆道：“这个决定取决于我们是要搬到距离华盛顿特区2小时车程的这个美丽小镇去，还是留下来接受这份工作。我的儿子伊恩（Ian）问我：‘我放学后，你会在家吗？我想更经常见到你！’”劳拉选择了小镇。“生活就是要兼顾许多事情。”

 你的性格所面临的挑战

金绿外向性格的人对工作存在一些特殊的、潜在的盲点。以下列举的特点有些与你相符，有些不相符。没有人会遇到列举的所有问题。特别关注这些盲点，可以减少它对你的不利影响。而后，采取更有效的做法，并把这些做法变成你的习惯。（后面的括号中列举了一些建议做法。）

你的性格盲点可能包括：

- 过分注重细节，忽视了宏观思考。（找一位愿意帮忙的蓝色性格人士，每个月与他/她吃两次午餐。偶尔效仿对方进行长期战略性思考的习惯，必要时将其作为一种工具，虽然它永远不会成为你的自然习惯。）
- 需要明显的表扬和赞赏，否则就会感到情绪低落。（并非所有颜色性格的人都会明确地表达赞许。虽然人们认可你，但有时不会明说。你可以询问：“我做得怎么样？”也可以自我鼓励。你了解自己的工作状况，知道自己经常表现得很不错。）
- 无法很好地处理竞争性局面。（如果你不能将竞争变为合作或平息事态，那就退出、不再参与，拒绝参加游戏。在大多数情况下，这是缓解压力的唯一方式。）
- 喜欢坚持过去的经验。（条条大路通罗马。任何性格都有优点和长处。是的，你的方式是正确的，但它只是正确方式之一。放下自己的不快，分析其他方式具有哪些优势，每年尝试一两次。）

- 无法自然而然地看到新的可能性。(如果你的经验不足以成功地应付新的局面，你就会感到沮丧失望，有时甚至会放弃。向他人寻求帮助，特别是蓝色或红色性格的人士，与他们谈谈，将目光放长远些。不要只是为了舒服而坚持某种程序。)
- 过快地做出决定。(即使获得了新信息，你也很难改变自己的立场。在现实生活中，你会发现自己无法跳出某个立场，而这并不符合你的最佳利益，也无法把事情办好。如果你觉得有必要，就像微调机器一样调整自己的方案吧，尤其是当怀疑一段婚姻或是打算要小孩的时候。不论你是否相信，这对大家都有好处。)

你的求职之路——优势和劣势分析

金绿外向性格的人比大多数颜色性格类型的人都更善于争取到信息传递型面试（informational interviews）以及工作机会推荐。以下列举的优势和盲点对信息型面试和正式面试都适用。

如果面试官属于金色或绿色性格，你会感到舒适融洽。然而，如果面试官是其他颜色性格的人，你需要事先准备并反复演练如何应对超出你舒适区范围的问题。很多人力资源部门的工作人员属于绿色性格。在第一轮面试前，学习如何有效地与这种性格的人沟通交流。

你的性格优势使你很容易:

- 对求职有着明确的行动计划，并能有条不紊地执行。
- 制定可量化的、符合实际的、定义明确的目标。
- 对求职规则和程序富有耐心。
- 拥有众多的朋友和广泛的交际网络，这能够为你提供职位信息。
- 面试前充分研究公司的情况。
- 跟进求职过程中的细节，比如写感谢信等。
- 制定时间表、每日情况报告和预算，减轻求职给你自己和你的家庭带来的压力。

为了避免性格盲点造成不利影响，你必须:

- 在构建求职网络与分析求职信息之间实现平衡。
- 愿意考虑不太明显的职业机会和获得面试的方式。
- 在遭到拒绝后避免情绪低落与心情沮丧，因为这并不是对你本人的否定。
- 设置一个“沉思时段”；在决定接受一份工作前，利用一两天时间认真思考该职位对你和家人带来的长期影响。

金绿外向性格的面试风格

如果面试官的性格色彩与你的相近，你会立刻感到和谐融洽。然而，如果面试官看起来与你的性格相去甚远，请采取后面括号中提出的建议做法。尽力挖掘你的性格赋予你的能力，争取更多的工作机会。

你的性格会让你：

- 制作一份信息准确、清晰美观的简历。（准确并不一定意味着生动有趣。请一位绿色性格人士帮忙，确保简历表述的生动性，以激发面试官进一步了解的兴趣。）
- 只关注眼前的情况。（尤其当你面试的是一个高级职位时，你要做好准备，回答涉及未来规划的问题。在面试前，请一位蓝色性格的同事一起吃午饭，与他/她一起讨论一些想法。至少在面试前阅读有关该公司发展方向的公开说明。）
- 给人留下稳定、努力、热情的印象，并且显示出过往曾作了实实在在的成绩。（这是挺不错的面试表现了，但还不够。保持底线意识也非常重要。若可以，请调整你的某些语言，分析一下成本管理的问题。）
- 展现对工作的热情。（然而，过于“口若悬河”会适得其反。句子要简短，肢体语言要有节制，手势高度要保持在肩膀以下。）
- 可能无法打破思维定式。（你条理分明的思考方式让你对自己职业发展的下一步胸有成竹，但这也可能让你忽略了其他的可能性。你偏爱深耕已久的领域，但总有一些你从没考虑过的领域，相比你原先规划的职业路线，可能会让你更快晋升到更高的职位。）

好了，休息一会儿，进行一些社交活动。过后，浏览一下第 4 章“绿色性格概述”。再仔细阅读第 24 章“调整自我，适应他人，别做傻事”，了解其他颜色性格的优势。在某些关键领域，你需要利用他们的优势。而且，你可以让他们为你的工作出力，只要你知道如何识别他们以及如何说服他们来帮助你。如果，你花点时间学习如何识别哪些最能协助你的人属于什么性格色彩，那么，你会更加高效和高产。

如果你正在努力寻找工作，阅读第 27 章的“职业发展路线图”，摘抄些笔记。记下你的优势和策略，是一种具体务实、注重结果的方式，能够帮助你度过求职过程中让人沮丧的时期。这也能帮助你掌握信息型面试中的所学所得，让你记住找到新工作时应该感谢哪些人。

23

金绿内向性格

你不仅是一个金色性格的人，你还具有相当明显的绿色性格辅助特征。经过测试，你确定自己是色商内向性格。也就是说，你需要通过独处，而非与人相处来恢复精力。你所属的性格类型温文尔雅、乐于助人、重视传统，具有卓越的跟进贯彻能力。了解自身的性格优势很有必要，只有这样，你才能将它们发挥到极致。同时，你还要了解自己的缺点，这样你才能扬长避短，或寻求他人的帮助。后面将要提到的建议都是为了这两个目的。

金绿内向性格概述

你沉静平和、善于思考，你的精力主要集中于保障你所关怀之人的福利。这一核心品质在你很小的时候便展现了出来。很少有人看到你丰富的内心世界，因为你总是更加关注他人的需求。

在工作中，这一品质表现为崇高的职业道德。你总是严肃对待和高度重视自己的责任与义务。你是一个求真务实、注重细节、有始有终的人。在项目的每个阶段，对于下一步该如何做，你总是胸有成竹。

你的热情、责任感，以及创造稳定与和谐的愿望，将你引向服务业和志愿者的工作。但是，你无法在激动人心和含糊不清的环境中长期工作。那些能够提供充分私人时间，由你自行规划的稳定机构，更有助于实现你的个人抱负。

权威、历史和传统都是你所尊重的。同样，你还希望保护各种资源，包括自然资源和社会资源。你不喜欢变化、抽象概念和未经验证的理论。当你开始想象时，你总会想到最糟糕的情况，以致内心充满厄运、忧郁和自我怀疑的负面情绪。把自己拉回现实能让你感觉好点，所以你更愿意待在现实世界中。想象不是你的朋友，绿色性格的生动想象尤其让你感到不适。

如果你的同事粗鲁无礼、难以信赖、聒噪喧哗、缺乏准备，会让你无法忍受。对你来说，冲突会引起麻烦，你总是尽可能避免。所以，对于恶劣行为，你不会阻止，而是放任自流。

在鸡尾酒会或商务宴会等场合中，你只是参与而已。你既不希望，也不需要成为众人瞩目的焦点或扮演主导角色。你会把聚光灯留给他人。你偏爱一对一的交谈方式，而且总能够专心倾听。你很擅长让他人不再紧张，安心自在，因为你天生对人好奇，且具有敏锐的观察力。

案例分析 1

妇产科医生和退伍军人

金绿性格能够成就让人非常安心的产科和妇科医生。他们做事有始有终、知识渊博、为人热情。这些词都适用于美国妇产科学会会员（Fellow of the American College of Obstetrics and Gynecology，FACOG）、医学博士伊丽莎白·卢卡尔（Elizabeth Lucal, M.D.）。

“我觉得妇产科一直都是一条正确的职业道路，”伊丽莎白说，“与其说我选择了这份职业，不如说是它选择了我。小心谨慎、注重细节、坚持不懈和坦诚直言是我的长处。我想我还有些别的有点——富有同情心，能够设身处地地为他人着想。”

那个曾梦想成为一名兽医的小女孩，后来在密歇根州立大学人类医学院接受了 4 年医学教育，又在夏威夷的特里普勒陆军医疗中心（Tripler Army

Medical Center）担任了 4 年妇产科住院医师。如今，她供职于健康之路医疗集团（Health Quest Medical Practice），在其位于纽约费什基尔（Fishkill）和波基普西（Poughkeepsie）的附属机构工作。

“工作中最让我着迷的是教学部分，”她说，“第一，我相信，要培养出具备高尚伦理道德，能够尊重病人，与其良好互动的医生，我们应该在这方面对住院医师们进行教育并做出良好示范。第二，教学工作迫使我与当前的医疗信息和执行标准保持同步。第三，我喜欢教学中的互动。第四，扮演教师角色的时候，比起我教给他们的，我学到更多。”

虽然，她喜欢用笔记录或是口头记录关于病人的预约情况，但她却受不了更新电子医疗记录这项磨人的差事。她说：“遗憾的是，这件事我没法让别人帮我做。”

最让伊丽莎白感到骄傲的是，她能够让病人不需支付金钱或依靠保险就能享受到医疗系统的服务。当她注意到他人所忽略的细节时，她也会感到自豪。“我认为自己做得最成功的几件事就是一些病患问题被其他医生忽略了，而我及早地诊断出来。”她说。

伊丽莎白是一位非常具有奉献精神的医生，她已经三年没有休过假了。“为了恢复精力，我会阅读、跑步、练练瑜伽。”她说道。作为典型的金色性格人士，“我尽量多匀出时间和我的家人一起度过。”她说。

 你的工作状态

作为团队领导

在合适的时间与地点，将合适的事以合适的工作量交给合适的人去做，是你的核心能力。出色的后勤保障能力是金绿内向性格领导者的显著特征。你能够向员工传达清晰连贯的指令，明白易懂工作说明。而且，你通常会迅速投入工作，分担工作任务。

你认为自己必须为所在组织的实际需求提供可靠的保障，就像你为家庭提供

保障一样。你喜欢肩负责任，强烈地认为自己应该为团队负责，避免资源的滥用。工作进展会通知到团队的每一个人，因此，你收获了友好和效率。

做出重要决定时，你会一步一步慢慢推进，避开所有能够预见的风险。你会尽量多地吸纳和评估尽可能多的事实信息。“跟着感觉走”的做法会让你很不舒服。

作为团队成员

你绝少要求担任领导，但你鼓励他人表达自己的看法，提供积极的反馈。通常，你对自己的贡献表现得很谦虚。当团队需要进行可操作性的现状核查，你会是执行的那个人。你为人可靠可信，总是有始有终地完成工作，从不拖延最后时限，遵守规章和流程。你不能理解那些不这样行事的人究竟是出于什么样的动机和考虑。

如果你直言不讳地指出团队成员效率低下的作为，而他们与你争辩，你常会把这视为个人恩怨。

请参考表 23-1，明确你性格的工作优势。

表 23-1 与工作有关的性格优势

下面列举的特征约有 80%与你的情况相符。将符合的项目勾选出来，并将它们运用到你的求职简历和面试实践中。你的独特表现将会让你从其他人古板僵化的回答中脱颖而出。你：

- ❍ 能够组织众人，共同实现明确的目标。
- ❍ 能够留意到他人的需要，并尽你所能满足他们。
- ❍ 对需要做些什么和如何保持脚踏实地的态度。
- ❍ 支持和鼓励他人。
- ❍ 不会自私自利地思考和行事。
- ❍ 遵守规则。

现在，我们来看一个金绿内向性格的案例，看看这些性格优势是如何在不同领域发挥作用的。

案例分析 2

税务律师

与其他性格类型的人相比，具有绿色性格特点的人更容易变换职业。你所属的性格类型具有独一无二的适应能力：你几乎能立刻摸清当前的状况，并能够创造性地做出恰当的反应。玛莎·米勒（Martha Miller），一位工作了42年的金绿性格的税务律师，就是一个很好的例子。

玛莎大学的主修专业是经济学。在当时，对于女性来说，这是一个大胆的选择。“我想取得工商管理学硕士学位（MBA）。但1966年，工商管理学硕士的项目都不愿意招收女性。这让我很生气，于是我转而考取了法学院。我唯一一门真正擅长的课程是税法。毕业时，许多律所都建议我接受秘书的职位。当时，一名女性担任律师，一年的薪水是7 500美元，而担任秘书，薪水是7 800美元。（男性律师的年收入为13 800美元。）所以，我又非常生气，我做了大约8年职业演员，演施虐受虐的修女和患有精神病的学校教师。为了平衡收支，我还在布洛克税务公司工作（H&R Block）。我报税，进行税务课程教学，还承担行政管理工作，在表演和布洛克之间两头奔波，我的收入总是比我真的在某个大型律所当律师要多。”

“在纽约，我在全国广播公司新闻网（NBC News）做了两年税务和金融专题记者。由于预算紧张，我被解雇了。于是，我在纽约创办了米勒税务律师事务所（Miller Tax Law, LLC）。后来，我带着我的税务客户迁到了康涅狄格州。”

律师、报税师、演员、电视新闻机制——玛莎的绿色性格适应力与其金色性格主色特征在税务法律行业达到了完美的平衡。她的金色性格注重细节，而她的绿色辅助性格能够应对这份工作所需的长远思考和情绪处理问题。“许多人来找我时，充满了绝望的恐惧，完全被他们所以为的无法解决的税务问题吞没，”玛莎说，“一个小时之内，我通常就能让他们相信，他们会没事的。在会面之初，他们通常都以泪洗面，不管是男人还是女人。而最后，他们都会笑逐颜开。”

然而，文档整理和文件追踪的工作让她的绿色性格颇感压力。“大量的文件堆积如山是所有律所的沉重负担。”她叹了口气，说道。

闲暇时，玛莎喜欢做些体育运动，经常在她位于伯克郡（Berkshires）山脚下的富丽堂皇的维多利亚式住宅中健身。“因为我的工作太过抽象，我发现我必须做些体育运动，才能有效地放松。”她说。

金绿性格的人比大多数人更有可能实践自己的梦想，而不是将之束之高阁。玛莎也不例外。她说：“我甚至没有一个愿望清单。”

理想的工作环境

和伊丽莎白·卢卡尔博士一样，你喜欢的是稳定的、在圈子里享有很高的声誉和知名度的机构。在收到工作邀约的时候，尽可能地利用好表 23-2 中的内容。

表 23-2 金绿内向性格的理想工作环境

请将你目前的工作环境与下面的描述进行对比。如果这些描述看起来理所当然，这说明你给自己确定的性格色彩是正确的。其他颜色性格的人，特别是红色性格的人，可能觉得这样的环境不舒服，也不利于提高工作效率。金绿内向性格理想的工作环境如下：

- 稳定、备受尊敬、为员工提供可预见的职业前景。你工作很努力，并希望获得金钱回报与他人尊敬。初创的公司或问题丛生的公司无法提供这些。你是典型的大型企业员工，你希望与一家能够为自己的员工和产品站台的公司共进退。
- 工作业务包含具体实际的项目与产品。对你来说，无形的服务难以量化和衡量，你喜欢做看得见，摸得着，能够立刻做出判断的工作。
- 能为员工提供工作安全保障。对你来说，生活变化是一个缓慢的过程。比起其他颜色性格的人，强迫你接受变化的难度会更大。
- 以服务客户和员工为导向。服务他人是你深信不疑的原则。如果你的公司不尊重这种价值观，你不会在那里工作太久。
- 重视忠诚和责任感。二者深植于你的核心性格，是自然而生的品质。如今，很少企业能够像以前那样，给予自己的员工忠诚的感情。因此，比起对公司忠诚，选择对某位前辈忠诚，对你来说更有益处。不过，现在也仍有一些坚持这一传统的公司。

- 提供维持平衡工作与生活的项目，尊重员工的家庭需求。家庭是你最看重的因素。而且，你是一个非常出色的员工，值得拥有时间去照顾家庭的需要。
- 安静、有序、平和。你最不善于应付的情况就是混乱。
- 允许你拥有私人空间。你是一个性格内向的人，即使拥有高超的人际交往能力，与人相处也会耗费你的精力。独处时，你才能恢复精力。如果你不得不和他人在同一个空间工作，那么，当一天的工作结束时，你会感到更加疲惫。在私人空间里，你能够深度思考项目问题，你的思维和工作表现也会更好；如果可能，应该将其作为到岗就职的前提条件之一。
- 在私人独立的空间里，你的思维最敏捷，表现最出色，精力恢复得也最快。如果可能的话，应该坚持将此条作为入职的条件之一。

符合以上所有条件的工作环境将是你事业发展的沃土。

对金绿内向性格人士来说，最糟糕的莫过于竞争激烈，重视直觉而非求真务实的工作环境。频繁变化的环境，如初创公司或麻烦不断的公司，会让你倍感压力，甚至引发身体疾病。

当金绿内向性格的人处于这种非理想的企业文化中时，其工作效率将很难提高，想要取得事业上的成就变得像攀山越岭一样艰难。

金绿内向性格的理想老板

如果老板与你性格不合，即使工作不错也会让你感到沮丧和挫败；如果老板很对你的胃口，即使职位一般，你也不愿意辞去。金绿性格与其他类型金色性格的人特别容易相处。不过，如果是其他颜色性格的老板，只要拥有表 23-3 中列举的品质，也会成为你的良师益友。

表 23-3　金绿内向性格的理想老板

如果符合，请打钩。你的老板：

- 做事有条理，设定的目标清晰明确。
- 踏实可靠，值得信赖。
- 对每一位员工展现个人关怀。
- 忠诚。
- 能提供所需资源。

 对金绿内向性格具有很强吸引力的职业

如果有一家公司，你能在清晰的规章、制度、程序和要求下，沿着职业道路安安稳稳地工作许多年，那么你会把它称为家。未来的可预测性和工作的稳定性能够激发你最佳的工作表现。和税务律师玛莎·米勒一样，你尤其需要感到自己追求精确、办事妥当的能力得到赏识和回报。你对财务方面管理良好的公司有着天然的好感。

需要指出的是，也许你对以下所列的职业并非都有兴趣。但你应该知道，其中的每一种职业都在某种程度上让你能够发挥性格优势，而且，它们确实吸引了大批与你同属金绿内向性格的人。这不是一个完备详尽的列表，但足以说明这些职业偏好的深层规律。如果列表以外的某种职业呈现出类似的规律，那么你从事该职业获得成功的概率就会更高。每个部分括号中的内容，标注出了在这个大类中会带来成功的性格特征。

根据我们的研究，我们预测列表中粗体标注的这些职业，在未来几年里会有高于平均水平的大幅增长。这一结论是基于美国劳工部和劳工统计局公布的数据得出的。这些数据公布在两个部门的网站：O*NET OnLine (www.onetonline.org)和 http://www.bls.gov/CAREER-OUTLOOK/中，并且不断更新。你可以从中了解到，有关岗位要求和薪酬范围的深入、全面的信息。

在任何岗位上，任何颜色性格的人都有成功的例子。在并不理想的职位上，你仍然可以打造一片属于自己的天地，发出自己的光芒。

商业/管理/促销/销售（喜欢与人打交道，采取直截了当又讲究策略的交流方式，向往服务型职业）

行政助理、簿记员、**会议和活动策划师**、**客户服务代表**、**人力资源专员**、保险承保人/代理人、说客、**销售经理**、表演艺术经理人、**个人金融顾问**、**公共关系专员**、房地产经理/评估师、销售人员（实体商品）、服务销售代表、小企业主。

创意/其他服务（向往服务型职业，观察细致入微，喜欢与人打交道，善于肯定鼓励他人，对美感触敏锐）

古董商、艺术家、宴会筹备人、化妆师、法庭书记员、时尚设计师、乘务员、系谱专家、发型师、室内设计师、珠宝商、景观建筑师、图书管理员、博物馆馆长、法律助理、私人训练师/健身教练、研究人员。

数字化/高科技

针对高科技人员的人力资源招聘专员、社交媒体经理、技术支持专家。

教育（希望能为社会做出有益的贡献，遵守规则，尊重职业，向往服务型职业）

咨询顾问、学校行政人员、教师（小学、中学、幼儿园、特殊教育）。

保健科学（工作能力强，尊重职业，向往服务型职业，观察细致入微，对人充满好奇，善于令人放松，想要保障他人的福利）

麻醉医师、听觉病矫治专家、生物学家、生物医学技术专家、脊椎按摩师、牙科保健员/实验室技术员、牙医、膳食专家/营养专家、老年护理专家、运动生理学家、保健管理员、家庭健康助手、救济院工作人员、医院行政管理人员、医疗记录技术员、医学研究员、护士/护理主管、妇科/产科医生、验光师、儿科医生、药剂师、初级护理/家庭医师/医师助理、公共卫生推广人员、放射科/外科手术技术员、言语病理学家、所有类型的治疗师（职业、物理、放射物、呼吸、言语）、兽医/兽医助理。

人本服务（向往服务型职业，喜欢与人打交道，善于肯定鼓励他人，能够帮助他人冷静下来，尊重职业，希望为社会做出有益贡献，尊重传统）

托儿中心主管、顾问（职业、儿童福利、员工帮助、家庭、药物滥用）、筹款人/资金发放协调员、宗教领袖（牧师、拉比、教育推广人）、社会和社区服务经理、社工。

法律/餐饮/小企业（向往服务型职业，喜欢与人打交道，讲究沟通策略，观察细致入微，想要保障他人的福利）

旅馆老板/客房经理、律师（除了有关儿童、顾客纠纷、家庭问题、医疗保健和税务的领域，其他方面兴趣不大）、**零售商店老板/经理**。

案例分析 3

当职业难以为继时

伯迪·费尔德曼（Bertie Feldman）在帮助表哥汤姆的过程中学到了不少东西。汤姆决定竞选州财政部长，邀请伯迪担任他的竞选团队经理。伯蒂感到非常荣幸。汤姆夸奖他在适应他人需求，处理细节问题，跟进任务方面具有卓越的能力。汤姆说:“伯迪，在这些方面，没有人能比你做得更好了!”

这确实可能帮到伯迪。做到中级管理职位的他最近刚被解雇了，拿到了一笔颇丰的离职补偿金，足以保障他衣食无忧地度过为期四个月的竞选活动。但是，伯迪也知道，曝光率上升的并非只是他的表哥。内向的伯迪决心利用这次经历让更多人看到自己的简历。也去见见那些若非有此机会，他绝不可能认识的人。

然而，拥挤的竞选总部无法为伯迪专门配备一间办公室。随着时间推移，这成为让他倍感疲惫的一个重要因素。许多志愿者不断地进来咨询或是大声接打电话。金绿性格的伯迪更喜欢自己原来工作的稳定性与可预测性。相比之下，竞选工作就像不断变化的水流，随着候选人计划的不断改变而从无定数，这让他非常难受。具象思考的伯迪在策略研讨会时有点不知所措，作为竞选经理，伯迪本该主导这种讨论。但策略和理论与伯迪以实际为导向的金绿性格特征不合。

不过，他却很擅长管理志愿者。所有的任务都由能够胜任的人负责完成，甚至连媒体也注意到他表哥的竞选团队很有组织性。汤姆赢得了选举，伯迪也认识到自己想要从事的职业，以及想要前往的去处。

选举结束两周后，伯迪获得了自己梦想的工作——在离家两个小镇以外的国家历史博物馆（National Historical Museum）负责管理志愿者。他有一半时间都在自己私人办公室（感谢上帝！）里从事研究。新工作的薪酬与原来那份工作的一样，但福利更加优厚。每天下班时，伯迪都神采奕奕，这让他的家人尤其高兴。

你的性格所面临的挑战

金绿内向性格的人对工作存在一些特殊的、潜在的盲点。以下列举的特点有些与你相符，有些不相符。没有人会遇到列举的所有问题。特别关注这些盲点，可以减少它对你的不利影响。而后，采取更有效的做法，并把这些做法变成你的习惯。（后面的括号中列举了一些建议做法。）

你的性格盲点可能包括：

- 只见树木不见森林。（你更喜欢关注细节而不是宏观状况。缺乏总体认识，你的细节决定就可能存在纰漏。时刻不忘最终结构，细节也会变得更清晰可见。）
- 需要明显的表扬和赞赏，否则就会感到情绪低落。（错误的想法：他们不表达出来，说明他们根本就没这样觉得。事实：好几种颜色性格的人都会选择不表达自己对他人的赞赏。有时，你只需要多给自己一些奖赏。）
- 对竞争和内部争斗反应过度。（如果你不能避免冲突，你就会变得冷酷、暴躁、过分消极。你要积极主动一点，将矛盾消灭在萌芽之中，这能减少对你的伤害。凭借你孜孜不倦的跟踪推进能力，你会击败对手。不要畏惧他们。他们需要证明点什么，而你不需要。）
- 对新方式可能过于谨慎。（关注新方式是否实用，这是你的优点。在表示否定前，支持实验性项目和试验阶段，看看效果如何。）
- 可能不够肯定与直接。（你喜欢随大流，但有时应该站出来，分享你的知识。要想完成任务，有时你必须这样做。不要心存疑虑，大胆去做。）

 你的求职之路——优势和劣势分析

在一对一的情况下，金绿内向性格之人的表现会是最佳。面对某些面试官，尤其是金色和绿色性格的面试官，你会感到舒适融洽。然而，如果面试官是其他颜色性格的人，你需要事先演练如何应对超出你舒适区范围的问题。

你的性格优势使你很容易：

- 构建一张关系紧密、愿意提供支持的人际关系网。
- 制作一份描述准确、引人入胜的简历。
- 制订一份明确的行动计划。
- 设定可以衡量的、清晰明确的短期和长期目标。
- 对潜在雇主进行研究，并收集有关信息。
- 有条不紊地完成面试。
- 给人留下勤奋、热情和准备充足的印象。
- 对要做的事情和求职规则富有耐心。
- 跟进求职过程中的所有细节。当合适的机会出现时，果断抓住。

为了避免性格盲点造成不利影响，你必须：

- 不要将延迟与障碍当做拒绝。
- 通过制定时间表、状态报告和求职预算来消除压力，记录追踪，看看自己在实现目标方面表现如何。
- 让自己多参加社交活动，扩展你的人际网络。
- 不断深究，直至事情的最终结果。考虑某份工作的这方面影响时，你一定要坚强。
- 通过角色扮演练习让你难受的薪酬谈判（找一个愿意帮忙的蓝色或红色性格的人来协助）。
- 被拒绝之后，不要放弃，不要沮丧。

金绿外向性格的面试风格

如果面试官的性格色彩与你的相近，你会立刻感觉相处融洽。不过，如果面

试官看起来与你的性格相去甚远，请采取下面括号中提出的建议做法。

你的性格会让你：

- 听得多，说得少。（这看起来显得你对职位不感兴趣。确保你比平时讲更多的话，尤其是在面试刚开始的时候。）
- 喜欢在面对面的交流之前先进行书面交流。（如有必要，阅读几期已出版的相关行业的杂志。利用不同渠道收集信息，包括互联网、图书馆、年报等。这些准备会让你信心倍增。）
- 喜欢谈论具体的细节、日程安排和最后时限。（很大程度上，绿色性格的面试官会根据他/她对你的情感反应来决定是否录用你。如果面试官问你这样的问题："你和上一份工作同事的关系怎么样？"他/她可能是一位绿色性格的人。最重要的是要与这样的面试官建立起私人的友好关系。请一位愿意帮忙的绿色性格人士与你分角色演练。）
- 只关注眼前的情况。（尤其当你面试的是一个高级职位时，你要做好准备，回答涉及未来规划的问题。在面试前，请一位蓝色或绿色性格的同事一起吃午饭，与他/她一起讨论一些想法。至少在面试前阅读有关该公司发展方向的公开说明。）

好了，现在去做些对你的社群有益的事情吧。过后，请浏览第 4 章"绿色性格概述"，然后再仔细阅读第 24 章"调整自我，适应他人，别做傻事"，了解其他颜色性格人士的优势。与所有颜色性格的人一样，你需要利用他人的优势。你可以让他们为你工作，只要你知道如何识别他们以及如何说服他们来帮助你。如果你花点时间学习，对照每种颜色性格"概述"章节的第一个表，掌握如何识别那些最能协助你的人属于什么性格色彩。那么，每个人的工作效率都会提高。

如果你正在努力寻找工作，阅读第 27 章的职业发展路线图，摘抄些笔记。记下你的优势和策略，是一种具体务实、注重结果的方式，这能评估你在求职过程中的进展。

第 6 部分

获得工作

24

调整自我，适应他人，别做傻事

人们之所以辞职，更多的是因为他们不喜欢工作中的某些人，而不是不喜欢自己的工作。“要不是因为我的老板，这份工作我是真的挺喜欢的”“如果玛丽不给我制造麻烦，我会按时完成任务的”，某些色商性格与其他色商性格发生冲突，是因为他们没有认识到对方的优点。事实上，不论你相信与否，你的老板和同事玛丽都能够让你的工作变得更加容易，只要你了解他们的优点。在这一章，你将学习如何利用色商达到这一目的。首先，你要确定他人的色彩性格（请参考每种颜色性格“概述”章节中的第 1 个表），然后确定他们能为你做什么。最后，掌握一些与他们沟通的窍门。

给某个人做第 2 章的自我评估往往很难实行。所以，我们会告诉你如何不动声色地进行色商性格的调查工作。请按表 24-1 的步骤评估另一个人的性格色彩。（这些方法也适用于办公室以外的环境。例如，约会时或试图改进与配偶、父母的关系时，它们都能派上用场。）

表 24-1

判断某个人的性格色彩不是一件容易的事。确定某个人完整的色彩性格类型，需要时间和仔细的观察。但是如果你能判断出他们性格色彩中的任何一部分，就能在很大程度上改善你们之间的交流。

每个人都有金色或红色的性格成分，以及蓝色或绿色的性格成分。本节中，我们将集中阐述如何识别这些成分。如果你能做到这一点，无论它究竟是性格主色还是辅色，你都将占得先机。另外，一个人可能属于外向性格，或属于内向性格。

判定这些性格成分，需要经过三个步骤。

1. 首先，观察他的工作场所，注意观察早晨、中午和他下班回家后的状况。

金色性格：他的桌面通常非常整洁，没有堆积如山的文件，所有的东西都码放整齐。金色性格的人只有有始有终地完成了现有项目，才会着手新的工作。其他线索：金色性格的人通常比较严肃和正式，而且总是非常守时。

红色性格：他的桌面乱七八糟，全是文件夹、零散的文件和成堆的文档。通常，每一样都是一件进行中的工作。其他线索：红色性格的人为人自由散漫，不受拘束（甚至可能会把自己的脚放到桌面上来）。而且，总把时间搞得很紧张，甚至出现延误。

2. 此项调查工作的第二部分是判断蓝色或绿色性格成分。与之交谈，聊一些轻松舒适的话题。但留心观察。

绿色 VS. 蓝色：对方在多大程度上把你们之间的关系私人化？绿色性格的人会发展私人关系，而蓝色性格的人不会。

绿色性格：经常闲聊。即便在以工作为主的场合，他也努力建立私人关系。对话中尽量让你轻松自在。

蓝色性格：很少闲谈，有距离感，试图将关系维持在工作层面上。他说话简单明了，直奔主题，给你一种他正在评价你的感觉。

3. 最后，判断一个人是内向性格，还是外向性格。两种性格的人都可能具有高超的人际交往技能，但他们表达自己的方式却大有不同。

外向性格比较爱说话，音量比较大，肢体语言也比较丰富。他们甚至可能会不假思索地脱口而出，过后又改变想法。

内向性格更愿意倾听，比较克制自己，肢体语言也比较少。他们会先思考再回答，很少改变想法。

你可以在人们说话时观察他们的风格，相应地调整自己的行为。这样做的好处是：只要有你在，所有人都会变得更轻松自在。而且，大家都会倾听你说的话。

一旦你了解了某个人的性格色彩，你就可以开始改变你们交流的方式。接下来将会发生两件事：其一，你会从对方身上获得更多帮助，他们会更加尊重你。其二，你也将会欣赏对方的优势（你也许会有那么一点喜欢他们）。

在工作中与其他颜色性格的人友好相处

无论你是管理、说服、激励他人还是与他们一起工作，色商理论都可以帮助你提高人际交往的能力。利用以下建议，改变你与麻烦的老板、同事的交流方式，观察由此产生的结果。如果你已经准确判断了他们的性格主色，这种自我调整产生的效果将会非常显著。

与金色性格顺畅交流

当你管理一位金色性格人士时，明确告诉他你的期望与要求，提供一个稳定的工作环境，保持交流渠道畅通，树立管理权威。你要给人以果断坚决、条理分明的印象，重视工作程序与最后期限。然后，不再干涉，尊重金色性格把事情办好的独特能力。

当你要说服、劝说一个金色性格的人，或是与之合作时，首先要保持你自己的行为协调一致，确保所有的演示汇报和会议都能顺利进行。让他感觉你足以信赖，能够准时到达会议地点。无论如何都要避免模糊的信息和抽象的理论，坚持实际、准确、细心、踏实的作风。有条有理地阐述你的观点。避免使用“感觉”和“相信”这样的字眼。要用“传统上”“尊敬的”和“经证实”这样的词汇。金色性格的人要求的程序，你都应该遵守。他的部门或公司的等级结构，你都应该尊重。如果他对你说“这事你得找别人”，他确实是这么认为的，而不是在推脱。

与蓝色性格顺畅交流

当你管理一位蓝色性格人士时，必须富有想象力，以吸引他的兴趣。跟他说明你目前正在做的事将如何影响未来，甚至会产生全球性影响。设置一个非常高的目标，否则蓝色性格的人会厌倦和分心。与蓝色性格争辩时，不要将对方的挑战视作针对你个人的行为，这只是说明你激起了蓝色性格人士的兴趣。要海纳百川，能够基于他的认识与分析做出改变。总之，要给予蓝色性格的人自由自主的工作环境，把各种指示减少到最低限度。他们不会让你失望。

当你要说服、劝说一个蓝色性格的人，或是与之合作时，必须让他觉得你是个很有能力的人，否则他不会尊重你，也不会重视你说的话。要先展示宏观大局，少说具体事实。堆砌事实会让他丧失兴趣。要阐释出新方法长远的、潜在的影响。蓝色性格的人说的任何话，你都不要认为是对你的冒犯。以巧妙和富有逻辑的方式回应他们。避免使用“感觉”和“相信”这样的字眼。要用“想到”“知道”这样的词汇。

与红色性格顺畅交流

当你管理一位红色性格人士时，面对面的交流方式总能收到良好效果。备忘录和电子邮件无法让他参与进来。他需要刺激、乐趣、自由和独立性，来保持最佳的工作状态。因此，你应尽可能地为他提供灵活的工作环境，由他自己掌握节奏。红色性格的人不仅仅是喜欢危机，如果他们感到无聊，甚至会自己创造危机。所以，他们会尽量避免会议、规则和备忘录等。让红色性格的人去解决问题与危机，并允许他们按自己的直觉行事。红色性格的人很难控制，也不可能进行微观管理。但是，如果你为他们提供上述条件，他们绝不会让你失望。

当你要说服、劝说一个红色性格的人，或与之合作时，要言简意赅，尽量使用行为动词，例如“刺激”“兴奋”“挑战”“享受”和“遭遇”这样的词汇。手把手演示的效果比电脑播放的幻灯片要好得多。对红色人士来说，时机最重要。所以，当他们无法集中精力时就会停止工作。接受他心猿意马的事实，建议当天晚些时候再碰面。直奔主题，不要大谈理论和框架性问题，强调你的方案具有立竿见影的效果。一定要头脑灵活、思路开阔，并准备接受对方“跟着感觉走”和速战速决的作风。

与绿色性格顺畅交流

当你管理一位绿色性格人士时，为他提供一个和谐的环境，重视个人发展的机会。绿色性格的人在过度竞争和人际冲突中，会感到焦头烂额，无法专心。要尽量减少发生这种情况。把你和他的工作关系私人化——用适当的方式问问他的家庭情况，有没有养宠物，等等。

善于鼓舞和激励。与他一起，探讨达成一个双方都接受的设想，并给予他创造的自由，以实现这一设想。经常给他反馈，但要注意措辞和方式。严厉的批评和恐吓手段，会让他丧失热情。他喜欢与人合作，所以与金色人士一样，对绿色人士施加等级管理不仅不会提高工作效率，反而会打击他的工作积极性。

当你要说服、劝说一个绿色性格的人，或是与之合作时，首先要把你们之间的关系私人化。问问他需要什么，感同身受地倾听他的回答。绿色性格的人讨论问题时缺乏条理，但要知道他会回归到最初的问题上来。当你向他介绍自己的产品或方案时，要讲述宏观大局，少说具体事实，除非他们主动谈起对人的影响。使用“感觉”“相信”“重视”“喜欢”等字眼。要富有洞察力，以创意为动力，看中创新的、着眼未来的解决方案。

内向性格 VS.外向性格

通常，你会和一个与你性格相反的人进行交流。如果你发现谈话难以为继，这可能就是原因。如果你是外向性格，对方是内向性格，那么，请将你的活力值降低一度。不要不假思索地说话，以填补内向人士的沉默，无论这沉默让你感到多么难受。有次打电话时，我让一个内向的人静静地想了七分钟。他帮我筹划好了整个大会的分组会议，包括议题、演讲人和材料。

如果你属于内向性格，与外向性格的人说话时，请把你的活力值上调一点，与对方目光接触，主动提出问题，让对话能够进行下去。

掌控你的工作环境

如果你能准确评估出你的老板或同事的性格主色，沟通交流的效果将会因为运用了这些色商指导原则而立刻得到极大的改善。人际关系改善了，任务能够更顺利地完成，团队的冲突也会减少。

如果按照这些建议行事，仍没有取得明显效果，那么你需要重新评估对方的性格主色，或是减少你自己所属的色彩性格类型的一些典型做法，以免造成交流障碍。（举个例子：你强迫一个拥有跳跃性思维色彩性格特点的人进行条理清楚的谈话。）每种颜色性格的“概述”章节会对你有所帮助。

在辞职前，尝试改变与那些让你讨厌的人的交流方式。至少，你可以提高自己的人际交往能力。你可能因此晋升、加薪，甚至发现其实这已经是你梦想的工作了。

25

我适合创业吗

“我适合创业吗”，对于这个问题，我们给出三个答案：

（1）任何颜色性格类型的人都能创业。

（2）任何颜色性格类型的人都需要其他类型人士的帮助，才能在自己的创业道路上取得成功。

（3）有些颜色性格的人天生比其他人更善于创业（请参考表 25-1）。

你需要其他颜色性格的人加入你的创业团队，这是因为天生的创业者有其自身的弱点，而比较不擅长创业的人也有自己的优势。所以，作为个人，你的起点并不重要，重要的是你的团队，团队将最终决定你创业的成功或失败。

表 25-1　不同颜色性格的创业者

最可能成为优秀的创业者，最具有创业天赋的性格色彩有：红色、蓝色、金色、绿色。

记住，所有颜色性格类型的人都能成为创业家，因为每种类型的人都需要其他类型人士的帮助才能成功。金色和绿色性格的人应该和红色或蓝色性格的人配合，达到能力的平衡。

下面我们来看看 4 种性格主色与生俱来的创业风格。你也会拥有一些你所属的性格辅色的优势。

 金色性格的创业风格

金色性格如何设定目标

在设定目标和制订计划实现目标方面，你是所有颜色性格中最出色的。你善于区分主次、跟踪贯彻，并能轻松评估工作进程。但你不擅长根据变化的环境来调整你精心制订的周详计划。

在最终敲定你的创业计划之前，把它拿给你尊重的其他颜色性格的人看看。问问他们还有哪些可能是你没有考虑到的，特别是与工作团队或是你的家庭有关的方面。不要仓促行事，即使你已是兴奋异常、迫不及待。

然后，在计划中设置重新评估的具体时间点，标记在日历上。时间到了，你就停下来休息一会儿，反思一下你的目标是一一达成了，还是需要对它们进行调整。你可能会很想跳过这项令你不适的任务。所以，你应该邀请一位蓝色或绿色人士帮助，避免拖延。这项任务的完成情况很有可能是成功与失败的分水岭。

金色性格创业初期的表现

虽然，你并非世界级的梦想家和谋略家中的一名，但许多金色性格人士已经有了聪明的商业构想，并因此发财致富。在内心深处，你非常渴望成为一个负责任的监管者，监督着各种人与资源。这促使你成为一名谨慎的冒险家。幸运的是，与红色和蓝色性格的人不同，你不会受其他机会影响而偏离原有方向。你会运用行之有效的方法，稳扎稳打地从一个里程碑向下一个里程碑迈进。一旦开始创业，你的头等大事便是建立秩序。事实上，从创业第一天开始，制度和程序便已经各就各位。无论是销售、产成品库存还是现金流动，越早形成可预测性，你就越安心。

预测市场变化并采取相应行动，这永远都不是你的强项。处理意外的危机对你来说简直就是没完没了的压力。因此，你要确保有一位蓝色或绿色的人和你同舟共济，帮你识别出可能影响企业发展的未来趋势。聘请一位红色人士帮你处理

常态的危机，这些都是初创企业必经之事。

案例分析 1

鲁尼家族——父女创业团队

特丽莎·鲁尼·奥尔登(Trisha Rooney Alden)是R4服务公司(R4 Services, LLC)总裁。20多年前，她创办的这家档案管理公司，如今已是蜚声业界。特丽莎一直想创业，极少让生活经历妨碍到她。这些经历包括结婚，生育两个孩子，搬到另外一个城市与丈夫一起生活，并同时管理位于芝加哥的公司总部。在拜访客户与照顾家人之间疲于奔命，她每年大概来来回回50次，这已经耗尽了她金色性格的组织管理能力。她需要帮助。

她的父亲菲尔（Phil）出场了。菲尔原先是一家上市公司的首席执行官(CEO)。近来，他享受着没有压力的生活，只需要打理一下自己的一些投资。如今，他每天清晨5点30分便走进R4服务公司，免费为女儿提供服务。为什么这么早呢？他说："这是公司每天开始运转的时间。上午8点，客户便会向我们提出迫切要求，我们必须及时做出反应。"

对金色性格人士来说，家庭是关键。菲尔很高兴能有机会帮助女儿实现她的梦想(即使清晨便开始工作也在所不惜)。当然，他很快便表示应由女儿来制定所有的决策。他强调说："我加入时，R4服务已经是一家资产达数百万美元的企业了。我只在必要时提供支持与建议。"

特丽莎和菲尔都是金绿性格，其公司文化也反映了这一点。例如，特丽莎拥有一个面积很小的办公隔间，而不是宽敞的私人办公室。她说："我喜欢这样。我经常外出会见客户，这样的布置让我便能听到各种消息。"这反映了绿色性格渴望与人接触的品质。

特丽莎的公司为600个客户完成复杂的档案管理和文件销毁工作。父亲和女儿之间的合作是公司能否顺利运转的关键。此外，鼓励与倾听服务和仓储员工提出意见也是关键。每天早晨，菲尔都会买一些甜甜圈，为的是让早早来上班的员工有东西吃。

公司人员的流动率很低，60%的员工已经在此工作了十年以上。对此，父亲和女儿都感到非常骄傲。他们说，他们的目标之一是帮助员工过上优质的生活，为他们提供很棒的工作环境。这是金绿性格关注他人实际需求的一个典型案例。

特丽莎认为，自己的主要优势是善于与人合作，真正聆听客户意见，了解客户需求，清晰准确地进行沟通，且总能兑现自己的承诺。这些都是金绿性格的典型特征。客户为她带来了极大的工作热情。她说："我喜欢安排好他们，并经常给他们打电话，讨论目前和未来的需求。他们就是我热情的来源！"

那么，有没有让特丽莎倍感压力的方面呢？给服务定价和与压低价格的客户谈判都让她感到紧张。编制预算和处理公司的财务事务也会给她带来压力。这些反映了她绿色性格中不喜欢与人对抗和过多处理数字问题的一面。在这方面，她会依赖父亲30多年的丰富商业经验。

作为两名金绿性格人士，父女二人建立了一种轻松愉快的工作搭档关系。父亲负责公司运转管理，女儿负责新业务开发。他们之间的相互尊重是显而易见的。这对公司的稳步发展起到了积极作用。

同时，他们还积极参与了众多慈善组织的活动，服务对象包括儿童、博物馆、大学和医院。以金色性格典型的方式，他们很愿意能有机会为所在社区作贡献。

红色性格的创业风格

案例分析2

连续创业者：从珠宝、洗护产品到家纺

红色性格能够成就出色的创业者。红色性格的人十分关注当下，能够马上发现机遇。红绿外向性格，如戴安娜·莫里斯（Dianne Morris），利用看似不那么连贯的机会，开创了连续创业的路线。

1966 年，由于家庭经济状况不佳，英文专业毕业的戴安娜放弃了法学院深造的计划。初生牛犊不怕虎，她在美国国家航空航天局（NASA）找到一份特殊的实习生工作。接下来的 5 年中，她在国家航空航天局和喷气推进实验室（Jet Propulsion Laboratory）担任合同专员。

她发觉法律工作并不是她的兴趣所在。(法条的细节可能会给红色性格的人造成问题。红色性格的人需要率性冲动和每天都有新的挑战。）她知道她想要挑战自我，创办自己的公司。

她报名参加了许多设计班，开始用许多不寻常的材料制作珠宝。戴安娜说："我觉得20世纪70年代，百货公司就是为新的设计师和新的创意而开的。"

她管理着公司，经历了一场婚变之后，她从洛杉矶搬到纽约居住。在那里，她遇见了约翰·查普曼（John Chapman）。他从西班牙进口香皂，想要转手卖给酒店。他们两人合作创办了米拉弗洛尔斯设计公司（Miraflores Designs）。20 世纪 80 年代，他们设计、制造并协作式分销多线洗护产品，为喜来登（Sheraton）、凯悦（Hyatt）和许多其他连锁酒店供货。

1986 年，他们将米拉弗洛尔斯卖给一家新兴的上市公司。这让戴安娜能出资为贫民区的学生孩子们启动"我有一个梦想"项目。1990 年，这笔资金又让她得以买下查尔斯湾股份有限公司（Charles Bay, Inc.)。这家公司是许多邮购商家法兰绒床单的订货源。"这种业务的利润是相对较低的。我把公司更名为海湾家纺有限公司（Bay Linens, Inc.)，开始生产高端全套的床上用品。"戴安娜说。布卢明代尔百货公司（Bloomingdale's)、霍乔家居（Horchow's）和迪拉德百货（Dillard's department stores）都是公司的客户。

然而，红色性格人士认定的机遇并非每个都是合适的好机会。戴安娜说："我还收购了中国海（China Seas)。这是一家专为室内设计师生产高端织物的公司。但事实证明这块市场太难经营，太复杂了。所以我赔本卖了这家公司。"

但喜欢社群的红色性格人士在乎的不只是金钱。她说："我持有日本的一家百货公司的经营许可，这段合作关系已经持续了许多年，一直都非常愉快。"

2008 年，市场风云变幻，她把海湾家纺对外授权，同意对方授权给新的持照方。"2010 年，我开始研究创办一个服务 50 岁以上女性的网站的想法是否可行。这就有了的 www.ZestNow.com 网站。它发表大家的文章，也为写作者提供信息和灵感。”

戴安娜在大学主修的是英文，这方面的兴趣体现在她编辑网站，为网站写作等工作中。这对她率性自由的红色性格和以人为本的绿色性格来说，都是理想的工作。“这份工作可以在任何地点、任何时间进行，”她说，“我喜欢新趋势的那种动能。50 岁以上、60 岁以上的女性形成一种新的力量，她们有许许多多激动人心的活动，以及很有意义的想法。”

红色性格如何设定目标

红色性格不制订计划，而是走一步看一步。对他们而言，规划就是一系列灵活决策构成的持续过程。你按照本能制定目标，随时准备将决定权交给一枚硬币。根据市场需求改变经营方向，是一种非常务实的优势。但制定真正的目标，让他人为之努力，却着实是个挑战。制定短期目标，你的员工将会更加清晰地掌握方向，而且短期效应对你也具有鼓舞作用。

红色性格创业初期的表现

红色性格是天生的创业者，但需要合适的环境才能取得成功。你是天生的冒险家、谈判专家、危机管理者。在公司的初创时期，你的性格所具有的能力发挥着至关重要的作用。只要你的工作广受欢迎，生意火爆，你就总能表现出色。然而，如果冒险的创业活动不再有趣或不能令你兴奋，那你的注意力便会偏离。你在危机状态下表现出色。在他人放弃了很久以后，你仍能冷静地掌控局面。

红色性格不喜欢正规学习教育，偏爱实践知识。在新的风投公司中，这些街头智慧对你有很大帮助。只要有兴趣，无论是否接受过正规训练，你都会成为自己所在领域的真正专家。你认为，规则和程序只是指导方针，从来没有明显觉得会被他们绑住手脚（这让任何一个金色性格的合作者苦不堪言）。

善于自由思考的品质，能够让你在市场中“劈波斩浪”。你总能发现满足客户需求的新思路和新方法。绿色性格的人可以帮助你将这些出色的想法推向市场，并迅速执行你的促销方案。在启动新项目时，你最不会考虑的就是传统方式。不过，你最终还是需要战略思维和组织能力的。为此，你应让一个蓝色性格的人加入，帮助处理战略问题，让一个金色性格的人管理你的办公室。

 蓝色性格的创业风格

蓝色性格如何设定目标

你天生擅长战略规划、制订计划，并能随时进行完善与调整。制定的目标过于复杂是你的难以察觉的一个问题。务必在你的商业计划中加上实际细节和具体步骤。你不喜欢这样做，但这能帮助你在拟写计划时实事求是。

案例分析 3

每个人的百吉饼

诺达尔·“诺德”·布吕（Nordhal “Nord” Brue）是布吕格尔百吉饼连锁公司的创始人。与许多蓝色性格人士一样，他善于将热情、绝佳的创意和敏锐的金融商业触觉结合在一起，形成一个伟大的创业方案。在旁人看来，他既热情，又爱玩乐。“他是一个深刻的思想家，”曾任绿山电力公司首席执行官的克里斯托弗·达频说，“他能在几个不同层面分析问题。”

认识到成功地管理企业需要众多不同的能力，因此，诺德总会选择适当的合伙人，充分利用对方的优势，强化自己的能力。他的认识总是比国内市场领先几步。20 世纪 80 年代，百吉饼还是城市中一种不起眼的食品。但是，他看到了这种食品转变为“快速服务”食品概念的潜力，认为其必定能够引起全国消费者的关注。布吕的策略是，从远离大城市中心的二线城市和郊区市场开始试水，避开纽约、费城和芝加哥等大城市，是因为在这些地方，百吉饼已为人们熟知。这样，他不仅可以检验创业计划经济效益上的可行性，还可以培养顾客的口味。

布吕的想法是正确的。到 20 世纪 90 年代中期，布吕格尔公司已在全国各地开办了近 500 家分店，并首次成功引领了“健康快餐”的理念。1996 年，

布吕通过股票交易的方式，以 123 亿美元的价格将公司售出。一年后，他又以 4 500 万美元的价格成功回购。2000 年，他又以一个未公开的价格再次将公司售出。

那之后，布吕担任富兰克林食品公司（Franklin Foods）的主席。这是一家专门生产软质未熟化奶酪的公司。虽然对这家公司的前景充满信心，但他并不打算对它，或是他一手创办的任何一家公司，“从一而终”。2004 年 1 月，他在接受《佛蒙特商业杂志》（*Vermont Business Magazine*）采访时表示：“如果卡夫说他们必须拥有这家公司，如果它对卡夫的价值更大，我会再创一番新事业。”我们去采访他的时候，他还担任着四个董事会的主席，并乐此不疲。他说：“我一直很擅长处理宏观问题。换句话说，我在细节方面并不十分出色。我的任务就是，为这些公司明确发展前景，以此引领它们进入更高的层次——这是最让我兴奋的。”这是蓝色性格的典型表现。

蓝色性格创业初期的表现

许多蓝色性格人士仅仅凭借有限的信息或是直觉的预感就成功创办了企业。想法创意让你兴奋，也使得在制订并完善创意计划之时，你能最大限度地发挥出自己的才能。你理解并认同“风险是商业活动一部分”，你也非常善于处理各种风险。

日常事务让你感到焦躁不安。你擅长同时处理众多项目。发现市场新趋势是一种创业优势。但是，在实际工作中，这也可能是一种劣势。

幸运的是，蓝色性格会自然地把工作交给他人，本能地信赖其他颜色性格人士。你是负责提出想法的人，你希望别人去处理人事、程序和控制管理的工作。确保团队中有一位绿色成员拥有重要的人事与营销技能，一位红色成员推动计划实施，一位金色成员负责制定必要程序。

 绿色性格的创业风格

绿色性格如何设定目标

对你来说，目标和计划都是可以改变的，这取决于当时什么东西让你感到兴奋。你不善于分辨事情的轻重缓急，尤其是有两个或者更多激动人心的事物让你目不暇接的时候。比起最终的结果，工作的过程和期间认识的人对你来说更重要。

如果实现某个目标能够给你带来最深的满足感，你就会坚持到底。如果，你能坚持一个（相对）恒久的目标，尤其是能够反映你个人价值观的目标，那么潜在目标实现的可能性更大、干扰也更小。

其他颜色性格的人会对你提出批评，迫使你制订保守的、以资金盈利为主的计划，“以确保企业经营步入正轨”。你不会完成这些计划，会让那些仰仗你确定发展方向的人感到失望。你必须有能力把你所绕的弯路合理化，同时，始终不让自己的视线离开最终的目的地。与其他颜色性格的人相比，你更需要与朋友合作，最好是一个金色或红色性格的朋友，必要时他们可以提醒你要以当前为依据。在与其他颜色性格的人合作时，你表现得最好。

案例分析 4

餐厅老板

如果，对于每一家雇用了你的公司，你都有许多改进的想法，那么，你肯定有着一颗创业的心。在萨莎·菲茨罗伊（Sasha Fitzroy）28 年活动策划师的职业生涯，有一个事实让她非常困扰：客户服务极少被摆在首要位置。

“大家都认为，顾客会接受普普通通的食物、普普通通的材料，甚至是普普通通的会场，”她回忆到，“如果，感到失望的顾客不再光顾，新的顾客又从何而来？同样一宗生意，只要多花 10 美元，升级一下食物或服务，就会带来数百甚至数千美元的进账。但是那些‘精打细算’的老板们意识不到这一点，所以他们也不重视服务的质量。”

萨莎处在一线，需要直接处理这些抱怨。她渴望自己创业，检验一下她

的客户服务理念是否正确。五十多岁时，她的机会来了。她和丈夫在康涅狄格州开了一家供应早餐和午餐的咖啡馆。咖啡馆位于一条冷清的小镇主街上，不太可能有未预约就上门的客人。

“我知道我们必须创造一种让人流连忘返的服务，”她说，“有什么办法比贯彻我一直持有的客户服务理念更好呢？”

萨莎从不再叫号，而是以顾客的名字称呼他们开始。很快她就记住了常客的名字。她把食物送到顾客的桌子上，而不是要求顾客自己来取餐。给顾客送餐时，顺便询问他们还有什么需要。只要看到合适的机会，她就会和顾客建立个人联系。

她说：“我的工作宣言就是‘我希望每一位顾客走出餐厅的时候，比他们进来时更快乐。’人们都渴望感受到真心的欢迎、真诚的接纳和热情的款待，感觉自己受到特别的礼遇。”

这一服务理念奏效了。三年之后，接近60%的独立餐厅倒闭或是易手他人。“明年是我们的十五周年店庆。”这位以人为本的绿色性格人士骄傲地宣布。如今，萨莎把她的客户服务理念传授给她的四个新店员。

绿色性格创业初期的表现

与其他颜色性格的人相比，绿色性格的人更不容易受物质利益的激励。你更喜欢在任何刺激了你的商业环境里，提出你的理念，表现你的创造力。有时，会是在一个创业型企业里，但大多数情况下是由以下状况引起的：你就业状况的改变，某次你对老板的做法感到不满，或是你需要以家庭为本安排你的工作。

创造价值的能力既是你的性格优势，也是你的性格盲点。你会建立一个极为忠诚的客户群，但通常不假思索地就牺牲利润率去提升产品或服务的质量。不过，这个忠诚的客户群是你获得商业成功的核心要素。当其他企业则纷纷倒闭时，极高的客户忠诚度和较低的人员流动率常常能帮助一个绿色性格的企业渡过难关。

出色的推广与营销能力能让你迅速脱颖而出。一个绿色性格的企业常常很快起飞，但随后就需要红色性格人士的谈判技巧和金色性格人士贯彻的商业体系，如此，才能保证企业在快车道上继续前行。另外，你出色的人际交往和沟通能力的作用常常被其他颜色性格的人低估，他们希望你把精力集中在资产负债表，而非客户服务上，这给你徒增了挫败感。

26

薪酬和福利

对于所有色商性格来说，金钱要么是体现自我价值的一面镜子，要么是实现某个目的的一种手段。但是，我们如何进行薪金谈判，如何管理预算，如何为了重要目的而储蓄，都很大程度地受我们的性格主色和辅色的影响。在处理这一生活中至关重要的因素时，每一种性格色彩都表现出了其特有的品质。本书作者索亚·泽奇对色商性格展现出的天然的薪金谈判和投资风格进行了超过十年的研究，认真分析了 4 000 个真人案例。现在，你将阅读到她的一些专利研究成果。这些内容只有在本书中才能看到。

 绿色性格与金钱

如果条件允许，绿色性格的人更愿意处理生活中的其他事情。当你只需养活自己时，金钱只是你进一步发展自我和创造美好环境的工具。对财富的狂热追求，常常让你丧失兴趣。但是，如果你要养家糊口，你对金钱的态度和投入程度就会迅速改变。你关心的人依靠你生活，你将明白供养他们，需要付出什么代价。

绿色性格经常以两种可以预测的方式对待金钱：要么目标明确，要么自然随性。目标明确的绿金性格人士会采取一种自律态度，为了退休等重要的人生目标

节约存钱。自然随性的绿红性格人士最多只是偶尔储蓄和规划，而且天生是个高风险投资者。虽然绿红人士看似无法积累足够的退休金，但他们似乎具有某种超自然的能力，能够预测投资趋势，所以也能高枕无忧。

两种绿色性格的人都能与顾问和金融规划师建立友好的、相互信赖的关系，从而有了优质的投资推荐来源。

在投资购买一家公司的股票时，你更希望了解它对人们的影响，而不是它的分析报告。社交投资尤其让你感兴趣。

绿金性格

薪酬

在讨论薪酬方案时，通常你不能强硬地坚持自己的要求。如果你喜欢这份工作和公司的同事，只要开出的价码还算合理，你便会接受。通常，这意味着你过早地结束了薪酬谈判。为了获得某份工作，你甚至会接受低于你期待薪资的价码。

提示

不要如此善良。充分研究你应当获得多少工资，并提前练习薪酬谈判，最好与一个红色性格的朋友演练。凭借你贡献的价值，你有权利要求一份合理的薪酬。对方希望你参加游戏，如果你主动放弃，无异于将钱留在桌面上。对你来说，这永远不会是一个舒服自然的游戏，但你能学习游戏规则，并在游戏中表现出色。

绿红性格

薪酬

一份工作的薪酬并不是你最关心的事情。这份工作是否有助于你的发展？是否允许你展示自己的创造力？那么，恭喜你，你中奖了。对你来说，无论你得到的薪金多少，都不过是蛋糕上的糖霜，锦上添花而已。你希望人们注意到你出色的工作表现，然后相应地给你加薪。在所有的性格色彩中，你属于最需要在薪酬谈判前进行练习的那个类型。因为，你真的非常讨厌争论，尤其是在金钱方面。

提示

与上文的绿金性格一样，和一位意志坚定的朋友一起练习如何才能下好薪酬谈判这盘棋。不要接受对方首次提出的薪酬待遇。心中要有一个经过充分调查研究形成的还盘数字。**这是你一生当中，唯一一次不必心慈手软，也不会造成不良后果的机会。**把你谈判争取到的额外薪酬可以买到的东西，列成一个清单。这样可以激发你的斗志。如果对方给出的薪酬依然很低，那就要求额外的休假时间，为你配备公车和私人办公室，或者为你的家人提供免费医疗保险等。你可以这样说："根据我的条件，我希望能拿到×元。"凭借你贡献的价值，你有资格要求以某种方式获得实质性补偿。

红色性格和金钱

红色性格是投资领域的冒险家，当你感到自己掌握了足够的知识和自由支配的资金时，这一特征便会更加明显。与生活中的其他方面一样，你希望按自己的规则行事。你可能成为股票（或其他）市场的交易高手。

你的优势是能够发现被他人忽略了的投资线索。你敏锐的观察力和有生以来积累的丰富实践知识，会让你受益匪浅。这些品质与你过人的灵活性，能创造许多你能适时抓住的机会。

与其他颜色的性格相比，你更喜欢将资金投在个股而非共同基金上，除非你管理的是家庭资金。你的顾问是你的调查来源，能够帮你操作买卖和记录账目。详细的规划只会妨碍你一头扎入你所感兴趣的投资。

你储蓄账户（如果有的话）的资金很有可能少得可怜，急需你给予足够关注。你很少储蓄，你不会为钱发愁，认为需要时便能挣到。

红蓝性格

薪酬

对于你来说，明天又是新的一天，又能挣得另一笔钱。很有可能，你已经历过富裕和贫穷。在薪酬谈判中，你强势的谈判风格取得了良好效果。事实上，在

薪酬谈判前，其他颜色性格的人会来向你咨询请教。

红绿性格

薪酬

你是一名优秀的谈判专家，但你的风格比红蓝性格更加放松。你也认为，明天又是新的一天，又能挣得另一笔钱。而且，无论钱多钱少，你都能活下去。不过，在薪酬谈判中，你绝不会把一毛钱、一点利放在桌面上，便宜了对方。

蓝色性格和金钱

蓝色性格的人把金钱视为能力的凭证。你得到的薪酬越高，周围的世界就会认为你的能力越强。与其他颜色性格的人相比，你把金钱看得很抽象，认为它是一种流动的，而非静止的资源。不过，蓝金性格和蓝红性格对待金钱的方式大相径庭。蓝金性格是自律的储蓄者，但蓝红性格一般不会这样。

对你有利的是，你对复杂的资产分配策略很感兴趣。这些策略能够帮你决定在股票、债券以及其他产品上分别投入多少资金。这种能力能够让你获得实实在在的回报。但是，过分自信会对你不利。因为你比大多数人更爱去研究和理解投资组合中的所有内容，你忘记了市场并不总是理性的。

蓝金性格

薪酬

在面试之前，你就非常准确地知道自己价值几何。你有能力在薪酬谈判中谈出对方所能接受的最高水平，不会放过任何可能获得的金钱与福利的机会。其他颜色性格的人在参加薪酬谈判前，会来向你咨询请教。

蓝红性格

薪酬

你知道自己的价值，能够得到什么，以及如何争取。你能轻松地参加薪酬谈判，并且喜欢你来我往的交锋。通常，谈判对手最终同意支付给你的薪酬远远高于他们的预期，而且对方对此感到心情愉快。在所有性格色彩中，你可能是最得心应手的谈判专家，你不仅会拿走桌面上的全部筹码，还会愉快地连椅子一起顺带拿走。

金色性格和金钱

你所属的群体之所以被称为金色性格是有一定道理的。金钱对你的安全感来说极为重要。你非常重视储蓄和长期规划，无时无刻都完全掌控这自己的现金流。你憎恨浪费金钱，极少负债或浪费资产。

必须经过充分研究且有出色的历史记录和全面记录在案的事实细节作为支撑，你才会进行投资。一旦投资计划能够满足这些标准，你就会直接投资入市。不过，共同基金是金色人士普遍青睐的一种产品。你希望以自己的组合投资为通行证，通往高枕无忧的未来。而且你很有可能在年轻时就实现这一目标。

你对风险和资产减少的忍耐程度有限，偏爱经过时间检验的策略。除了蓝筹股以外，债券和担保投资等收入固定的产品使你能确保投资组合均衡。

从金融角度来看，你是个一丝不苟的档案保管员。在无中间人帮忙的情况下，你能够协调账户的精准度。你喜欢和著名企业合作，坚持相信有条理和连贯性，能够带来可预见的结果的顾问。

金蓝性格

薪酬

你是一个精力专注、态度强硬的谈判对手，早已提前调查清楚自己的价值。金蓝性格容易患上“流浪汉综合征”，担心自己将来会身无分为，流落街头。由于缺乏安全感，每一个薪酬福利项目你都一定会争取到手，低于这一标准，你都不会接受。

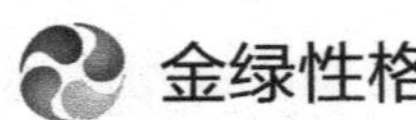

金绿性格

薪酬

虽然，和你的“近亲”金蓝性格人士一样，你也患有“流浪汉综合征”，但你不会像金蓝性格人士那样强势。在薪酬谈判中，你通常不会像他们那样挑战极限。结果就是，你会带着沉重的心情离开谈判桌，你觉得可能拿不到自己应得的工资，也就无法驱赶脑海中那个神出鬼没的“流浪汉”了。

提示

你做事很有条理，已经做了充足的调查，知道市场上与你的能力相匹配的薪酬水平。但你可能会在一次讨价还价后，就接受了一个较低的工资待遇。和一个愿意帮忙的金蓝性格或任何红色性格的人一起分角色演练，帮你找到合适的谈判策略和让你感到舒服的措辞方式。一个红绿性格人士的谈判风格是最值得你效仿的。

第 7 部分

打造个性化的职业生涯发展路线图

27

如何把所有一切汇整起来

本章是一个笔记区，读者可以在这里写下阅读本书的笔记。你可以在这里记录备查的要点，免去重新翻阅相应章节的麻烦。此外，你还可以将求职过程中收集的信息汇总记录在这里。

列出你所具备的与工作有关的三大优势（请对照你所属的色商性格对应章节中的第一个表，选出三项）。

1.

2.

3.

列出你的理想工作环境所具有的三大特征（请对照你所属的色商性格对应章节中的第二个表，选出三项）。

1.

2.

3.

列出你心目中理想老板应具备的三大特征你所属的色商性格对应章节中的第三个表，选出三项）。

1.

2.

3.

列出你希望研究的五种职业（如果你是一名在职人员，列举至少一份不同于你目前所在行业的职业。如果你是一名学生，列举一份在你职业规划以外的职业。不必考虑那些你认为“应该”追求的职业，只列出你“喜欢”的职业）。

1.

2.

3.

4.

5.

针对列出的五种职业，按照以下步骤逐一进行分析

（1）在政府网站（https://www.onetonline.org）查询该职业的相关资料。

（2）将该职业相关的活动和能力要求打印出来。

（3）将这些职能和技能与你的理想职业进行对比，它们的匹配程度如何？

（4）判断你属于内向性格还是外向性格。人际交往水平会激励你还是让你疲惫？

（5）看看该职业对教育程度的具体要求。你是否需要进一步深造？

（6）在网页的底部找到职业的薪金信息。在这样的薪资条件下，你是否能舒适地生活？

（7）选出几家你有意愿入职的公司，将有利和不利因素一一列出。

（8）制作一份通讯录——打电话或问问你认识的人，是否认识某个在你的意向公司工作，又方便联系的人，记下他的姓名和电话号码。如果有条件，在询问之前，对该公司的空缺职位做一些调查。通常只需任意联系不超过六个人，便会找到能够为你引荐的人。

审视你的创业欲望

（1）对照第 25 章“我适合创业吗”中与你的性格主色对应的那个部分，列出你的三大创业优势。

（2）列出你最关心的三个创业问题。务必如实核对。与你社区中的若干创业者交谈，请教他们是如何处理这些问题的。大多数人都会乐意与你分享。

（3）列出你所缺乏的创业品质。在每项后面，写出针对该项你将如何获取帮助。列出你需要与哪些颜色性格的人合作（请对照你的创业风格）。

如果你对自己想要从事什么职业毫无头绪

- 回忆你曾经有过的巅峰体验。你当时在做些什么？你为什么会成功？
- 你觉得什么话题最有趣？
- 你喜欢哪种杂志和文章？
- 你最喜欢哪些休闲娱乐活动和业余爱好，或你准备开始接触哪些休闲娱乐活动和业余爱好？
- 在这个天平上，一端是稳定，另一端是变化和冒险，你处于什么位置？在适当的位置上标记“×”。
- 想要/需要安全//__________O__________//愿意冒险
- 请选择三种包含以上这些兴趣和技能的职业。（如果你有任何特长，例如表演，不要认为你只能成为一名演员。表现能力和卓越的专注力也能在教育、销售和企业培训等领域发挥作用。）
- 求职过程中的亮点。
- 职业人际网络笔记。
- 需要感谢/致谢的人。
- 企业调查笔记。
- 完善简历。

  1. 请各种颜色性格的朋友或家人看看你的简历。

2．查看有用的网站。

- ❍ 列出你的五大面试优势，并在面试前看一看，鼓励自己（参考你所属的性格类型对应的章节中的“面试风格”部分，选出五项）。
- ❍ 列出你的三大面试劣势及其改进方法（参考你所属的性格类型对应的章节中的“面试风格”部分，选出三项）。
- ❍ 薪酬调查笔记。
- ❍ 能够运用的薪酬谈判技巧（在面试前阅读）。
- ❍ 最后，在求职过程中享受快乐的一些方法。例如，为吸引注意力想几个富有创意的点子，给克服困难的自己一点奖励，联系老朋友。列一份你自己的方法清单，并一一实践它们。

我们给你留下了成功的梯子；利用色商理论，助自己攀上顶峰吧。

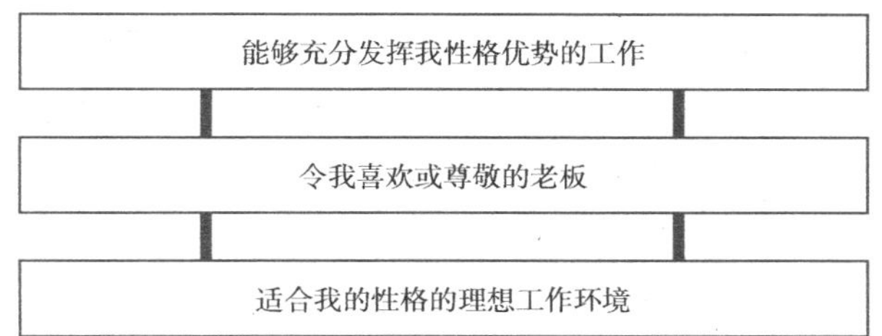

满足以上各种条件，你就一定能成功。而后，若你能充分开发你的热情或强烈的兴趣，你就会真正做到出类拔萃。好好享受你的职业生涯。

我最初的热爱或强烈的兴趣

反侵权盗版声明